国际环境艺术设计基础教程

architectural design

建筑设计

[瑞士] 简·安德森 / 编著　梁晶晶 杜锐 郭宜章 刘爱清 / 译

U0322367

中国青年出版社
CHINA YOUTH PRESS

中青雄狮

Basics Architercture 03: architectural design

Published by AVA Publishing SA
Rue des Fontenailles 16
Case Postale
1000 Lausanne 6
Switzerland
Tel: +41 786 005 109
Email: enquiries@avabooks.ch

侵权举报电话

全国"扫黄打非"工作小组办公室   中国青年出版社
010-65233456   65212870   010-59521012
http://www.shdf.gov.cn   E-mail: cyplaw@cypmedia.com
   MSN: cyp_law@hotmail.com

版权登记号：01-2012-4965
图书在版编目（CIP）数据

建筑设计 /（瑞士）安德森编著；梁晶晶等译 . — 北京：中国青年出版社，2012.8
国际环境艺术设计基础教程
ISBN 978-7-5153-1024-4

I.①建… II.①安… ②梁… III.①建筑设计 — 教材 IV.①TU2
中国版本图书馆 CIP 数据核字（2012）第 200242 号

国际环境艺术设计基础教程：建筑设计

[瑞士] 简·安德森 / 编著

梁晶晶   杜锐   郭宜章   刘爱清 / 译

出版发行： 中国青年出版社
地　　址： 北京市东四十二条 21 号
邮政编码： 100708
电　　话：（010）59521188 / 59521189
传　　真：（010）59521111
企　　划： 北京中青雄狮数码传媒科技有限公司

责任编辑： 郭　光　张　军　马珊珊
封面制作： 六面体书籍设计　王玉平

印　　刷： 深圳市精彩印联合印务有限公司
开　　本： 787×1092　1/16
印　　张： 11.5
版　　次： 2012 年 9 月北京第 1 版
印　　次： 2012 年 9 月第 1 次印刷
书　　号： ISBN 978-7-5153-1024-4
定　　价： 58.00 元

项目名称：House Tower 住宅
地理位置：东京，日本
建筑师：Atelier Bow-Wow 工作室
完成时间：2006 年

Atelier Bow-Wow 把他们的创意称为对"魅力空间的体验"。截面透视画法是《Graphic Anatomy》这本书讲解透视画法的一部分，设计师用这样的表现能够清晰地展示他们设计的住宅空间。这种有空间深度的图纸，不仅能够表现空间、组件和物体之间的联系，还能够展现建筑的内部环境，从而体现出建筑使用者的职业特性。

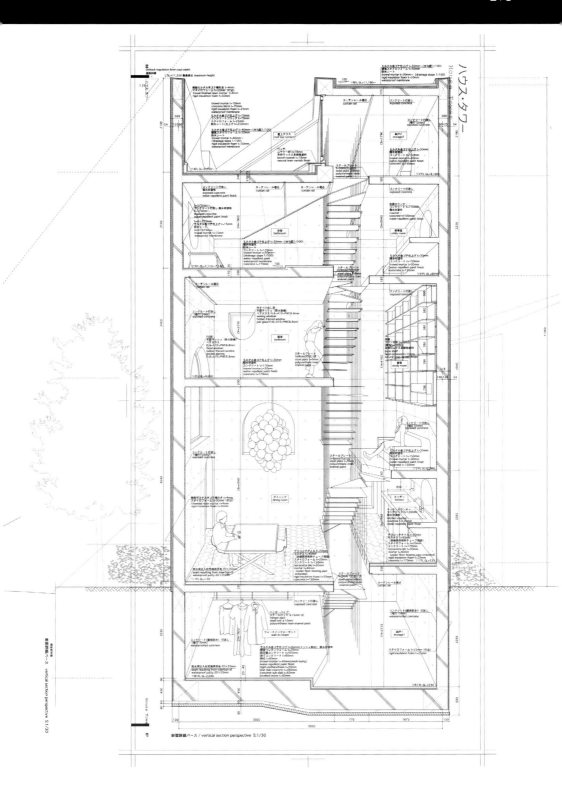

ハウス・タワー House Tower

断面詳細パース / vertical section perspective S:1/30

6 简介

建筑设计过程是多种多样的。对于同一个主题，不同的建筑师可以有完全不同的设计方式，产生丰富的设计作品。在任何一个建筑比赛中都不可能看到相同的两种设计。是什么激发了建筑师的灵感？为什么给定了题目却没有完全相同的答案？在你跟建筑师交谈过或者看完他们的作品之后，你会发现他们的设计就是答案，就是灵感的源泉。这本书就是通过结合实践经验和建筑学的知识来讲述设计过程的。

通常我们可以在一个建筑项目完成后对其进行讨论和研究。如果你懂得对建筑过程进行反向分析，同时了解建筑成本的核算原则，那么这个项目的发展过程就不能推导出来。但是具体的设计过程往往还是被笼罩在迷雾之中，很少有人去公开讨论、发表相关的言论或是对设计师进行访问。在那些被揉成一团扔进废纸篓的草图或被废弃的模型中，隐藏着什么样的价值呢？

上一页

项目名称：Mairea别墅

地理位置：努玛库，芬兰
建筑师：阿尔瓦·阿尔托
（Alvar Aalto）
完成时间：1939年

这张山顶小屋的最初设计草图展示了平面图、剖面图、地理位置和细节之间的联系。阿尔托在设计的时候既顾及到了大局，如建筑风格和整体效果，又考虑到了小的元素，如地形和设计细节等。
图片来自阿尔瓦·阿尔托博物馆的收藏图库。

建筑设计师们的设计过程具有很强烈的个性特征，每一份设计都和设计师的价值观、技巧以及关注点有紧密的联系。很重要的一点是，设计师需要对自己的设计过程进行审视、怀疑和调整，这不仅对于赋予整个项目以创造力有关键性的作用，而且也能在设计中注入设计师的个人风格，从而避免在无意识中产生一些已过时的构思。

美国白宫畅想方案设计竞赛

美国白宫畅想方案设计竞赛是
由艺术建筑画廊举办的：如果
这座最能象征政治力量的建筑
物——白宫在今天被重新设计，
会是什么样子的呢？这项比赛吸
引了来自42个国家的近500个
参赛者。

在这章中，我们把焦点集中到建筑设计的工作室上。这里是创意灵感产生的地方，是设计师和设计专业的学生都很熟悉的地方。这里能够将设计理念变为现实，因此，这里是设计作品诞生的地方，拥有模型制作、数位建模以及手绘的专用设备。

工作室拥有它自己的文化：在把一个想法付诸实际行动之前，可以在工作室里对这个设想进行研究、实验、讨论和检测。志同道合的人们聚集在一起，通过相互协作和发表具有建设性的批评意见来完善设计理念和增加彼此间的默契。

NL建筑事务所

这张图片拍自 NL 建筑事务所。在这种环境下，人们可以灵活运用共享工作空间来进行绘画、制作和合作，在专业设计师或是设计专业的学生中这都是很常见的。

与办公室相比，我想我们都更喜欢在工作室进行讨论的氛围。每个人都有相同的椅子和桌子。一切都是开放的，每个人都愿意接受各种观点和想法，也都会分享自己的观点。我喜欢这样的方式，喜欢和每个人交流。我很讨厌单独待在一个小隔间里。如果我想要一个独自的空间，会选择出去走走。

——约翰·图奥米（John Tuomey），O'Donnell + Tuomey 建筑事务所

从历史的角度来看，当时的草图和设计成品之间的联系比今天要紧密得多。石匠在雕刻之前，会在石头上进行大致的标记来作为雕刻设计的草稿，待完善设计草图之后才会继续下一阶段的雕刻工作。由此可见，设计工作室在不断地演变，它既满足了设计本身的要求，也为设计的深入和细化提供了必要条件。

然而学与教的分离有其自身的优势：它能够让学徒有时间去思考设计与实现的过程是否具有连贯性。但这种分离也有劣势：设计方和施工方在信息交流方面会出现误差。为避免这样的误差，设计工作室便应运而生了，并逐步催生了设计工作室的文化。

设计工作室的这种文化很有吸引力，成为院校学生比较喜欢的学习方式。但是，这种文化不能与实践脱离，否则会形成学无所用的恶性循环。在专业性强的工作室中往往需要有实践经验的建筑师，因为他们能够做到将学与教紧密结合，而高等教育机构更需要培养出具有挑战精神的优秀学生来适应社会需要。然而从另一个角度来看，设计工作室的文化对于学生和建筑师来说，产生的作用是相同的。建筑师必须明白这种文化的内在联系，而学生也应该注重理论与实践的结合，尤其要做到与时俱进。

韦尔斯大教堂（WellS Cathedral）的石匠

上图中，一个石匠学徒在英国韦尔斯大教堂里，先在被雕刻的石头上进行前期的图案设计。此时，石匠们仍然沿用古老的学徒体系，去现场学习技能。

从实践中诞生

在 17 世纪，克里斯托弗·雷恩（Christopher Wren）爵士负责的英国工程办公室（the Office of Works）就是典型的设计工作室。1661 年的君主制复辟和 1666 年的伦敦大火，使得国家建筑项目的重建工作开始启动。这是非常庞大的项目，因

布尔日大教堂 (Bourges Cathedral)

在12世纪，由约翰·哈维 (John Harvey) 设计的石窗饰草图，被石匠们直接运用到了法国布尔日大教堂的窗户上。"花饰窗格"这个术语来自于哥特晚期用在地板上复杂的图案，当时被叫做"地板描摹图"。

此，雷恩需要对这些项目进行系统化管理，以便让项目顺利进行。在工程办公室中，成员们相互分享建筑理论和实践经验方面的知识。这种互通有无的设计工作室文化使他们的交流更加顺畅、深入，而对于非工作室成员的个体石匠或外聘建筑师来说，要达到这样的效果是很难的。雷恩有丰富的团队合作经验，他与工作室中的建筑师们，尤其是和尼古拉斯·霍克斯穆尔 (Nicholas Hawksmoor) 建立了长期良好的合作关系。霍克斯穆尔是由职员晋升为建筑师的，他受益于教与学相互结合的设计工作室，也为工作室做了贡献。圣保罗大教堂就是他与雷恩合作的项目。

包豪斯建筑学派：基础课程

包豪斯学校的学生作品，1922年

路德维希·赫什菲尔德·麦克（Ludwig Hirschfeld-Mack）的水彩画展示了。黑、白、红三种颜色的四个比例模式：等比例模式、等差数列模式、等比数列模式和黄金比例模式。

包豪斯学校的学生作品，1930年

乔治·奈登贝格尔（Georg Neidenberger）通过对字母和矩形进行排列，组合来表现视觉空间感。

这个案例研究介绍了 1919 年在德国魏玛建立的包豪斯学校的教学方式。该校的使命不仅仅是要对艺术和建筑进行教育改革，更是要引领一种社会风潮。学校里前卫的教师团队和新颖的教学方式吸引了众多的学者。插图中展示的是包豪斯学校的学生作品，它们的主题是用线条、色彩相结合的形式来表现空间立体感。

学生作品

学生们都会完成一项由约翰·伊顿（Johannes Itten）设计的能够激发其创新潜能的测试，并会在测试结束后收到一个图文并茂、形式新颖的测试结果。

伊顿的测试包括直觉和技巧两个方面。他对教育改革和巅峰艺术的渴望促使他鼓励学生要学会分析和创造，而不是像当时的大多数艺术学校一样照抄照搬。而伊顿本人也是一位有魅力的教师，他甚至做到了让几个学生追随他非传统的宗教信仰、穿衣风格和饮食习惯。在艺术理论上，他认为颜色具有情绪化和精神化的特性，并且与形态是不可分离的。在他的课程中，学生们需要全神贯注于最基本的几何图形和颜色的关系上，并且需要理解和认识颜色的这些特性。伊顿在课余时间会布置练习作业，要求学生用尽可能多的方式来表现不同颜色和形状之间的差别，其中包括二维空间和三维空间。

瓦西里·康定斯基（Wassily Kandinsky）和保罗·克利（Paul Klee）也都是具有影响力的基础课教师。康定斯基研究并总结了色彩的冷暖和色调之间的关系，他把颜色与形态以及素描联系在一起，来展示颜色和形态结合的立体感。

线是点的运动轨迹。克利认为虽然艺术的过程是神秘的，但艺术的表现方法是可以教授的。

建筑教育／包豪斯建筑学派：基础课程／设计工作室的出现

随着建筑项目的日趋复杂以及建筑文化的重要性日益凸显，建筑师也逐渐得到了认可，地位也随之提升。因此，对建筑师的培养开始走向了正规，而先前只存在于职业建筑师之间的设计工作室文化也慢慢在建筑院校之中普及。

早期建筑教育

19 世纪的时候，一些建筑师渴望这个行业得到社会认可。1831 年，皇家宪章正式授予建筑专业人士"建筑师"的称号，随后英国皇家各建筑研究机构开始响应，实现了建筑师们的愿望。这种荣耀也使建筑师担负起更多的责任，从而促使建筑学培训更加系统化和专业化。在专业环境下，学徒式的学习模式对教学指导十分有益，而且随着教育的不断发展，这种方式变得更加学院化。

1847 年，英国建筑协会成为第一个对建筑设计与施工进行专业指导的组织机构。随着越来越多院校的建立，原来的学徒体系下的见习生逐渐减少。到 1920 年，多数实习建筑师开始接受正规机构的专业指导。

第一次世界大战后，世界处于大变革的时期，建筑在此时也同样迎来了它的革新时代。包豪斯学校的适时出现，成为这一时期的典范（见 12~13 页）。这个学校的第一任校长沃尔特·格罗佩斯（Walter Gropius）在建校宣言和学校制度中强调"艺术本身是无法传授的，但是艺术与工艺结合的技巧却可以传授。"他倡导学生们要在实践中学习，要通过勤学苦练来实现自己的价值，确立自己的地位。因此该校在教学中依然实行由技术娴熟的导师在实践中指导和监督学生的学徒模式。

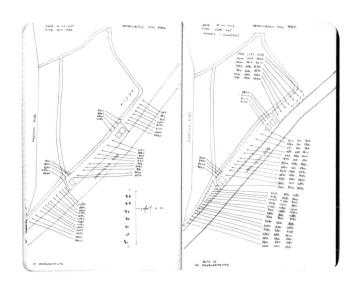

草图:

这张草图是由 U Leong To 设计师绘制的,包含了对建筑地点噪音的分析。草图记录了项目的过程与完成效果,这也是建筑设计专业的学生需要学习的。除了草图、示意图、注释、地点信息、实例图片、试验用品等项目本身的信息外,草图还需要包含对其他或未来项目的展望,可见这也是一个通过记录展览、旅行所见所闻来激发灵感的好工具。

今天的建筑教育

现在,设计工作室是大多数建筑教学以及实践系统的核心。建筑设计与其他实践性较强的艺术有着共同特性,比如说乐器的演奏,练习得越多,弹奏得就越好。建筑设计亦是如此。边学边做能够在视觉和动作上给予学习者迅速的反馈,使之在练习中不断得到完善,这与音乐系的学生在经过努力练习后准备接受第一场演出一样。但建筑设计专业的学生在做研究的时候很少完全照搬导师的模式,有时会植入一些新的元素或想法。

过去的"一对一"学徒式关系对现在的建筑教育有着重要影响。现在,设计院校会安排导师带着学生参与每个设计项目,并且提供机会让他们系统学习建筑知识以及不同的设计方法。

建筑设计可以被教授吗?

对于老师和学生来说,建筑学的部分内容仍然有它的神秘感。在设计工作室中,评论家普遍存在,也备受尊重,当他们对一个设计项目进行评审的时候,没有人会问他们为什么或怎样做,也不会有人对是否有更好的建议提出质疑。有人认为我们可以学习怎样成为一名建筑师,但是艺术(还有建筑设计)能否被教授便无人知晓了。其核心问题是,你怎样教别人产生伟大的建筑设计创意,以及你怎样教会其寻找设计灵感。

在《Why Art Cannot Be Taught》一书中,詹姆斯·埃尔金斯(James Elkins)就上述问题给出了六个不同的答案。在阅读时,可以把"艺术"换成"建筑"。

1. 艺术是可以被教授的,但是无人知晓教授的方式。
2. 艺术是可以被教授的,但是这似乎不能实现,因为只有极少数学生成了杰出的建筑设计师。
3. 艺术是不能被教授的,但是它可以被促进或帮助。
4. 艺术是不能被教授或者培养的,但是可以引领学生进入艺术领域,使其在未来就业中从事与之相关的工作。
5. 伟大的艺术是不能被教授的,但更多平庸的艺术则可以。
6. 如果艺术和其他事物都是不可以被教授的,那么不会再有其他事物可以被传授了。

与艺术一样,建筑设计也需要不停地寻找灵感的来源,尽管这样的灵感来源并不容易找到。事实上,正是这种需求激发了建筑教育的革新,也正是这种找寻过程中的挣扎才使建筑教育和实践迸发出了火花。

学习方法

尽管对艺术是否可以被教授这个问题有了以上的争论，但建筑学依然被广泛教授。有些学校实行一种特殊的教学模式，由一组导师带领学生一起对同一个项目进行研究、实验和分析。而另一些学校则采用分组的方式，将学生们分配到不同小组里，每个小组都有自己明确的设计方向，他们的项目类别跟小组导师的设计技能、方法、关注的事物以及日常议程是相关的。由于在一起学习的学生年龄不同，专业等级也有差别，因此，虽然每个成员都有相似的课题，但是都会产生出各自不同的设计方案。

分组讨论是学生和导师进行讨论与交流，以及通过对设计项目进行阐述与批评来相互学习的好机会，也可以检验学生在非正式场合能否与他人进行顺畅的艺术交流。在讨论会上，讨论的内容应该涉及到设计思想和设计信息的交换，对作品中所体现设计思想的批评与意见，设计中的点睛之笔，以及挑战别人的设计方案等。其实这也类似于与客户进行洽谈或在办公室与同事回顾业绩的过程。

研讨会是工作室的重要环节。在研讨会期间，成员们会对给定项目的每个阶段进行谈论，这种精心策划的讨论可以使学生们掌握新的技能和方法，并顺利进入项目的下一阶段。在第3章中将会简要介绍工作研讨会中谈论的技能部分。

别人的评价能够使我回顾自己的项目，对自己的设计理念理解得更透彻，从而能够更清晰地向他人阐述。这种最理智的检查能确保设计是合理的，并且是经得起验证的。

——威尔·费希尔（Will Fisher），牛津布鲁克斯大学建筑系学生

英国建筑学院：学生展览馆 / 建筑教育 / 包豪斯建筑学派：基础课程

评审

评审也叫做批评审查，在一个项目的不同阶段都需要这个环节来检验。评审的过程并不像对美女画像进行评论那样属于非正式的评论活动，相反它是项目设计流程中较为严肃的环节。评审的形式多种多样，而最普遍的是学生展示自己设计的作品和模型，并且向评论家和其他学生讲述自己的作品。在这个环节中，因为要在有限的时间内详细介绍自己的作品，所以准备一篇有说服力的口头演讲计划是很有必要的。

在正式的评审中，设计师会提交一份关于设计项目的书面评审申请，之后会收到书面反馈和正式的评审结论。设计师需要深入理解评审的意见，并在整理完这些意见后确定项目的设计方案。这种方式对于设计师来说是一种自我检验和自我完善的有效途径，因为在评审过程中，不同的建筑师可能会针对同一个作品提出不同的意见，而交流这些意见能够让每一位参与讨论的建筑师对项目的设计方案有更深层次的理解。

在评审的前一天晚上需要休息好，这样才能保持清醒的头脑，客观地对待评审意见，并且能够思路清晰地与同事进行讨论交流。但设计师往往很难接受那么多的批判，尤其是在他对一个项目投入了很多时间和精力之后；然而，即使是最好的项目也有不完美的地方。反馈主要是对作品作出评价，一般是关于作品需要改进的地方和怎样改进的建议。

评审的时候常用的一些术语释义

评审：尚未解决的
释义：需要很大改进
评审：有意思的
释义：奇怪的（虽然不想破坏这个设计，它没有致命的缺点，但是没有多大的意义）
评审：值得考虑的

释义：需要开拓思路，并尝试有可能性的方法和方向
评审：强有力的
释义：想法巧妙，方式引人注目
评审：有创造力的
释义：多希望我也能够想到！

设计工作室

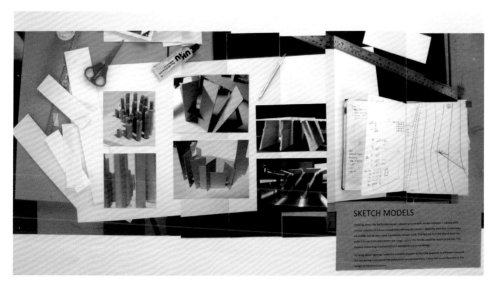

SKETCH MODELS

作品集

作品集是记载着项目设计过程和完成情况的重要记录簿。法拉·尤索夫（Farah Yusof）的这个作品集展示了设计和制作的过程以及绘制草图和制作模型所需要的工具。

交流

　　很多学校都通过对学生作品集的展示与交流来进行评审。有些学校在评审学生作品的时候不让作者在现场，这就考验了作者的图形表达能力，因为将复杂的设计方案用简洁的方式展现给评审员是需要图案和文本高度吻合的。在这样的要求之上，展示的作品集主要包括设计的过程（写生簿、设计草图、素描模型和分析图）和最终设计成果（最终图纸、模型照片和设计报告）。对于建筑师来说，宣传和传播他们的作品是尤其重要的，而学校组织的学生作品年终展览正是学生们从中获得经验的大好时机。

英国建筑学院每学年末都会举行一次关于设计项目评审的展览。这为学校提供了将学生作品与建筑行业紧密联系的机会。本案例研究呈现的都是在项目评审展览中展出的建筑，它们是由英国建筑学院的学生设计、建造并展示的。

项目

在 2006 年到 2009 年间，Intermediate Unit 2 工作室的二年级和三年级学生在英国建筑学院外面的广场上建造了一系列用于举办展览的学生展览馆，这其中包括课余时间的设计作品。每当举办这样的作品聚会时，新的设计思想都会孕育而生，而其中最成功的方案会被列入进行可深入设计的作品名单，学生们会分小组讨论这个方案是否合理，最终确定完整的设计方案作为可建造的项目。在筛选这样的项目时，全体学生和教师通力合作，他们就像是组成了一个建筑工作室，这其中有工程师顾问、材料专家和技术人员来提出专业的评审意见。

学生展览馆建造得并不复杂，没有过多地考虑为观众提供专门的场所和座椅，目的是营造宽松的展览环境，让观者更注重设计师所展示的作品及所表达的理念。在现场设计师们也会对于新兴的数字技术、施工工艺以及具有创新性的木结构建筑的潜能进行讨论和交流。对项目进行设计与建造是检验学生的设计理念是否可行的最好方法，因为学生在学校里有足够的时间，可以自由地对设计进行不同的尝试，虽然这些设计理念在建筑师事务所中可能会因脱离实际而被驳退。

黛娜西卡·西宾格（Danacia Sibingo）和Intermediate Unit 2工作室在2009年设计的"浮木"展馆（Driftwood Pavilion）。

学生展览馆采用了名为 Kerto 的新兴材料，它是一种轻质的单板层积材（由于结构稳定而替代实木的材料）。设计师可根据不同的建筑结构和形式来选择相应的积材种类。他们用数位建模代替手工模型来设计方案，具体用计算机集成制造技术（CIM）来执行。

"浮木"展馆的设计灵感来自于该团队对流水对岩层的侵蚀作用以及对约旦的佩特拉古城的兴趣。这个展馆是由不同厚度、表面凹凸不平的木材围合而成的半封闭空间，并且在适当的位置有开口。它用云杉木做框架，用 28 层 4 毫米厚的弯曲胶合板做建筑实体。此外，该展馆的设计团队还为展馆的施工与建造绘制了 112 份技术图纸。

英国建筑学院：学生展览馆

设计工作室

**瓦莱莉·加西亚·阿巴尔卡
（Valeria García Abarca）和
Intermediate Unit 2工作室在
2008年设计的旋风馆（Swoosh
Pavilion）**

这个展馆是放射状的网格结构，它缠绕在广场的灯杆上形成了可以乘凉、休息的公共空间，人们可以在这里会面、闲坐、休息或者进食。这座建筑是由 653 块计算机数控铣床定型的单板层积材构成的，结构中的木板采用白色是为了区分建筑结构与阴影。将从中央延伸出来的短小、细条状的横梁与起支撑作用的弯曲柱连接起来，是为了缓解施工和拆卸带来的压力。整座建筑建在两个重型钢质地基上，以平衡悬臂梁。

设计师之所以设计糟糕发型馆（Bad Hair Pavilion）是受到自己由湿变干的头发的启发。因此，建筑的臂梁上升至圆顶与下垂至地面的弧度，形成坐和卧的休息空间。虽然这个建筑的臂梁相互交错，看似零乱，但它的建造符合力学规律，结构稳固。图中建筑最外面两层的臂梁是自由交叉的，而里面的两层是根据力学结构来建造的。结构表皮的木头都被染成了棕色并且固定在一起。

**玛格丽特·杜赫斯特（Marga-
ret Dewhurst）和Intermed-
iate Unit 2工作室在2007年
设计的糟糕发型馆（Bad Hair
Pavilion）**

为了庆祝"建筑学院设计研究实验室"成立 10 周年，在校生以及毕业生都被邀请来参加该校的建筑设计大赛。艾伦·登普西（Alan Dempsey）和阿尔文·黄（Alvin Huang）也应邀来建造并完善他们设计的玻璃钢筋混凝土结构的展馆，这种材料通常被用作装饰，而不被用于结构设计。因此，这项有挑战性的设计需要进行大量模型和材料方面的测试。而建筑最终用 13 毫米厚的面板来作为建筑的外立面以及内部墙面、地板和家具的装饰材料。

设计工作室项目／英国建筑学院·学生展览馆／建筑教育

不同设计工作室的项目各不相同，但他们都会在设计说明中主要介绍项目设计的理念和方案的特点。为了展示更多这方面的细节，很多学生的项目简介都会着重论述自己设计过程中与众不同的阶段，有时甚至会忽略与实践及设计目标没有联系的环节。

设计项目的开端

在项目开始之前，设计师们要通过研究、探寻和分析来发现项目简介中存在的问题，例如调查场地、绘制草图、会见委托方和使用者以及分析场地等。而对于项目本身而言，方案可以基于真实场景来设计，也可以是完全概念化的设计。项目纲要会开放给学生来完成，他们需要确定场所、客户和建筑类型，以及对自己的兴趣点和导师的指导进行深入剖析。当设计需要大量调研资料时，通常会由小组合作来完成，这样能够加快小组成员对信息的掌握和运用。

在掌握了这些信息之后，学生们会根据初期的草图、分析图以及模型来探寻更多的想法和方案，解决设计中存在的多种问题，而这些想法也需要进一步探索和检验。导师会通过组建设计工作室来引导学生在思想创意和设计方向两方面的发展，除此之外，还会组织集体讨论会和建筑考察活动来提升学生的专业水平。

项目名称：**牛津文学节（Oxford Literary Festival）**
地理位置：**牛津，英国**
建筑师：**乔安娜·戈林奇·明托（Joanna Gorringe Minto）**
完成时间：**2010年**

这张早期的草图模型是在项目初期制作的，它展示了在景观空间中形似隧道的开放式结构，通过拼贴式草图展现出景观与隧道结构的空间关系。

在进行方案设计之前，需要注意两个要素，首先是要理解任务书的内容，其次是要理解建筑场地。说起来也怪，项目与其建筑场地的关系比其与方案的关系还要密切，当然也比其与客户的关系更密切。

——约翰·图奥米，O'Donnell + Tuomey 建筑事务所

扎哈·哈迪德：MAXXI二十一世纪艺术博物馆／设计工作室项目／英国建筑学院∷学生展览馆

设计方案的展开

设计师们会在设计问题得以解决之后，确定项目的设计主题和方向。他们依然通过对图形和模型进行研究分析来检验设计的可行性，而这种研究分析是有限定的。这些限定由设计师们每次所关注的特定问题来决定，例如，场地的入口位置与设计相关的当地社会问题，以及用特殊材料来建造的方法等。

设计理念会在设计发展阶段得到提炼和改善，当然要确定设计方案也会有一系列具体而复杂的问题需要解决。设计师在进行方案分析的时候，往往需要对草图和模型按照从整体到部分的顺序进行反复推敲，在这个过程中会发现很多问题，此时就需要从初期草图进行梳理，找出解决方法，等问题得到解决后才能进行下一个环节——确定方案。在这个过程中，设计师需要与别人针对项目纲要及其表达方式进行交流与讨论，同时从中学习和掌握新技能与新工具，以便完善设计理念和推进设计的进行。当面对同一个项目的时候，两个设计师会有不同的设计方案。因此，设计师的交流往往会让他们在设计过程的某些阶段徘徊，或者找不到问题的解决方法，甚至出现错误。但是这样的过程对于建筑设计来说是必经过程，只要做到全身心地投入到自己的设计过程之中，设计师便能够通过在工作室中的交流与讨论来找到自己的设计方向。

建筑师的设计项目

专业建筑师在项目设计的早期分析和调研阶段与学生在很大程度上是相似的，从了解客户需求到设计初期草图的过程中，都能够探寻出多种解决方案。而且专业建筑师向客户展示作品以及与同事在办公室进行讨论也与建筑院校的评审环节类似。

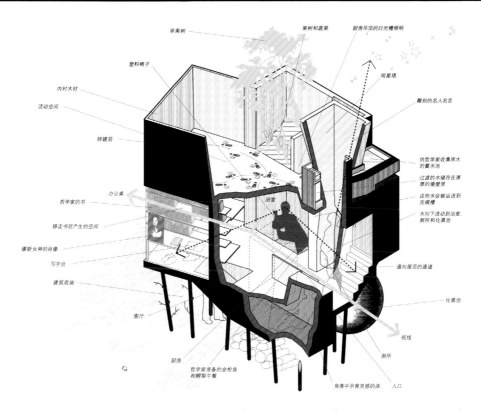

苹果树
果树和蔬菜
厨房吊顶的日光槽照明
塑料鸭子
内衬木材
观星塔
活动空间
雕刻的名人名言
锌镀层
供哲学家收集雨水的蓄水池
办公桌
过滤的水储存在厚厚的墙壁里
哲学家的书
浴室
这些水会被运送到洗碗槽
移走书后产生的空间
水向下流动到浴室、厕所和化粪池
缪斯女神的肖像
写字台
通向屋顶的通道
建筑底端
化粪池
客厅
视线
厨房
哲学家准备的金枪鱼和鳄梨午餐
厕所
角落中孕育灵感的床
入口

项目名称：一位哲学家的住宅
地理位置：英国
建筑方：AOC建筑事务所
完成时间：2006年

这个剖面图很好地呈现了用简单的空间来启发不同思维模式的设计。

建筑师的设计项目与学生的设计项目的不同在于以下几方面，首先在方案设计初期阶段，用地申请和规划都是由当局批准的；其次在深入阶段，建筑设计是受建筑规范限制的；再次，委托方会通过发布标书来提供设计要求及相关信息，而设计方会通过专业的投标机构进行竞标。在设计的整个过程中，建筑师需要与很多顾问进行沟通协调，例如工程师顾问。项目现场管理是建筑师重要职责的一部分，但是正在接受全日制教育的学生很少经历这一环节。另外，在建筑施工阶段，仍然需要有建筑师的决策和设计图纸来指导现场施工。

扎哈·哈迪德：MAXXI二十一世纪艺术博物馆

笔记本中的概念草图

1997 年，扎哈·哈迪德 建筑事务所赢得了设计 MAXXI 二十一世纪艺术博物馆的比赛担任设计方。在罗马这个拥有众多历史博物馆的城市中，扎哈·哈迪德 设计的新颖、壮观而又宏伟的博物馆在文化和政治方面有着重大的意义，最近该项目在经历了 10 年的设计和建造后，终于向世人揭开了面纱。本案例研究将从这个项目不同的阶段出发来研究它的发展。

项目

从扎哈·哈迪德笔记本（上图所示）上的早期设计草图中可以看出平行线和相交线在设计中的重要性，因为这正是这座建筑突出的特点。哈迪德把这些设计元素称为"溪流"。平行线和相交线的运用增加了城市的流动性和活跃感，是哈迪德惯

概念图

用的方式。在设计初期，这些线条可能仅仅代表这座城市或建筑本身，抑或是两者兼有。这样的草图未必涉及到具体的项目：因为它们表达的是设计思想和可能性，而不是必然的解决方案。

　　上面这幅图的设计思路来自于它所要展现的城市形态，以及这个建筑在城市中的地理位置。虽然概念图还是有些抽象，但设计的三维效果还是很明显的。设计中甚至画出了一些田地和河流的图像，并且在建筑周围松散地分布开来。在更大规模的设计图中，平行和交叉建筑"流"的细节层次感也被凸显出来。在这个阶段，并不一定要严格按照设计草图和三维效果模型来建造建筑，它们只是建筑可能被设计成的某种效果。

扎哈·哈迪德：MAXXI二十一世纪艺术博物馆

建设中的照片

当建筑师全面考虑建筑项目时，就必须解决接下来设计与施工中存在的更为复杂和细节化的问题。当我们在远处观看建筑的时候，只会看到较小的建筑形体，但当近距离看的时候，必然会注意到设计元素和建筑用材之间的微妙衔接，这也是判断设计作品是否完美无缺的基本评价标准。

上图是在建造期间拍摄的，这个阶段仍然保留了早期概念图中的元素。但实际施工中的复杂问题也会随之而来，因此建筑师需要对建筑用材、建造过程和周围环境了如指掌。设计图展现的建筑效果在实际建筑建造过程中很难立等可见，因为在实际施工中还会存在各种变数：变化的光线条件、生长的植被，以及不可预知的变化。

展品摆放前的室内空间

图中这座建筑以前是低层的军营，位于非城市中心的居民区。MAXXI 艺术博物馆在水平方向上纵横交错的建构关系，重新发现并创造了所在城市居民可共享的都市聚落。新的大学城项目也正在构想之中。

MAXXI 的建筑形体与建筑内部是合为一体的。哈迪德设计的游览路线使参观者就像是在美术馆里漂移。参观者并不会对展区一览无余，而是只能选择一条参观路线，而且这种看似流动的路线是单向的，需要游览者对展品有所取舍。另外，室内空间的水平向度是由弯曲的展示墙界定的，分成两个区域，而上方则由覆盖着玻璃的屋顶及肋梁天窗系统围合而成，为展示空间提供了柔和的光线环境，有时甚至可以用来挂较柔软的展品。屋顶的肋梁系统也暗示着建筑线性空间的特质。其中，室内醒目的黑色楼梯和栏杆会让人想起最初设计方案中迷人的草图效果。

设计工作室在教育方面的原则是：通过实践来学习。这不仅是检验学生设计能力的有效途径，而且可以巩固学生所学的知识。

但是学生用这种学习方法，很难了解自己需要学习的具体内容。例如，如果你想设计建筑的内部空间，那么还用不用学习如何建造建筑外部的形式？设计形式是否要别出心裁？到底什么是正确的方案？你可能会想出几个自认为比较符合主题的方案，确定其中之一进行深入，但这样的方式效率并不高，因为一定会有更好的方案，只是你没有想到。此时，你只有对每个方案进行深化并检验，才能真正地找到最好的。因此，一旦你开始深入设计，并确定了设计方案，便会启动一系列随之而来的具体环节。

但是，如果建筑师没有找到解决设计问题的答案，那么确定应该如何设计方案呢？从过去的经验中得到的知识只能够解决一部分问题。这个时候建筑师可以发挥评论技巧，从全局角度进行分析与研究，这样会帮助其解决委托方需求与设计理念的矛盾问题。虽然辉煌而壮观的"目标建筑"可能让人们充满荣誉感，并且刺激当地的重建工程，但是建造创新型建筑的风险会打消委托方继续合作的信心。

公开、反馈、批判、交流以及共享对于建筑设计是非常重要的，因为它们可以从作品质量和设计方向两方面提供必要的标准和建议，但结论却永远不会统一。通过了解不同的设计工作室和建筑院校，就能发现他们的设计思想和方向千差万别。每个工作室都有自身的文化，但是无论这些文化多么别出心裁，都仍然有着必然的联系，因为它们都属于建筑领域。

一年级组辅导

图片所画的是由贾斯特斯·范德·霍芬 (Justus Van Der Hoven) 和杰米·威廉姆森 (Jamie Williamson) 共同开设的同侪辅助学习课程 (PAL)。画面展现的是这个设计工作室让学生自己动手参与的场景，学生与导师针对共同设计的项目进行交流与讨论。整个辅导过程就是老师和学生之间进行轻松的沟通和随意的问答，直到他们在方案的进程和方向上达成一致。并且，工作室的学生可以自愿选择加入讨论之中或做自己的功课。

　　通过对设计工作室中课程设置、学习方法和实践练习的研究揭示了这样一个事实：建筑师们必须参与工作室的方案设计与方向制定，这样才能真正发挥其作用，并使其受益于交流与讨论的过程。其实，工作室最理想的状态就是从积极的参与中获得学习的机会和灵感，从相互的辩论中了解最新最流行的设计方法、设计工具和设计技能，在和同行进行交流与讨论的过程中提升专业水平和作品鉴别能力，以及从实践中了解建筑领域的潮流趋势。但当这种状态发展到极端的时候，可能会导致工作室文化片面、孤立、排外，甚至与社会形势脱节。所以建筑师们一定要利用自身的评论技能，竭尽全力来保证建筑设计工作室的文化与外界进行积极的沟通并且具有较大的包容性。

本章介绍了设计的主要过程、怎样实现设计的想法以及如何向建筑设计师的方向发展。

建筑设计的问题是复杂的，需要具有创造性的解决方案。虽然建筑师会对他不欣赏的设计风格进行批判性的评判以及否认，但是惟一"正确"的设计方案并不存在。因此，建筑师需要通过丰富的实践经验、导师的启迪以及和同事之间的相互交流来促进自身的发展。但是每个人对这些激励都有不同的看法，并且根据自身的价值判断做出决定。因此，尽管现在大多数项目设计都是团队合作，但设计方案最终还是源于其中一个人的想象力。

本章主要阐述建筑师在设计过程中需要具备的能力、经验和技巧，这些都是在建筑设计中必需的无形资源。建筑设计师越明确自己的目标，其自由发挥的空间就越大，并且只有在这样的前提下，才能够在设计过程中探寻到不同的方案，设计出优秀的作品。

设计名称: Hearth 住宅
地理位置: 伦敦, 英国
建筑方: AOC建筑事务所
完成时间: 2010年

这个设计被建筑师命名为"空间构造"，希望这个设计能够满足业主对理想居住空间的需求。

建筑设计需要找到解决复杂问题的方法。这也是本章后期提到的理解设计的方法、过程和解决途径的重要内容。

理解复杂的问题

无论建筑师所接受的教育和经历的事情多么相似，他们都不可能做出相同的设计方案，即使他们对彼此的想法都很感兴趣或者一直在一起工作。但是，他们能够辨别彼此的设计方案，因为他们的思维和表达方式是相似的。从这方面看，可以说设计是一种个人行为。可这也是一个复杂的问题，需要透彻地理解每个人的思维方式和所想表达的意思。

设计不仅要求设计师们找到解决问题的途径，还要求其能够发现问题、提出问题并且解决问题。为此，建筑师们需要着重培养自己的鉴别和评判能力。

建筑学中多种设计方式并存的现象与其他的学科领域形成了鲜明的对比。例如在科学领域，尽管科学问题也是异常复杂的，但科学家会努力证明只有一个正确的答案。为什么建筑师们一定要坚持自己"量身定做"的设计方案和解决方式，而不是通过团队合作共同研究出解决诸如"理想的住宅有什么特点？"之类的问题的惟一答案呢？

多种解决途径

在建筑领城从来就没有惟一答案这样的说法。

在《Tools for Ideas: An Introduction to Architectural Design》一书中，克里斯蒂安·根斯希特（Christian Gänshirt）把科学与建筑学的思想和方法进行了比较。他谈及赫斯特·里特尔（Horst Rittel）所定义的棘手复杂问题，指出这些问题有时候并没有最终的解决方法。但有时候这些问题也可能有一个解决方法，（下次就会有不同的问题，因为建筑的场地、设计要求，工程预算和委托人都可能会发生改变），所以没有办法将一种设计方案与另一种设计方案进行对比。另外，如果建筑师通过全面研究设计每一个细节里小的措施来解决更大的问题，那就没有时间进行实践验证了。在这里，实践行动的重要性远远超过了那些有可能会帮助解决小问题，但于整体来说微不足道的研究。

对于一个建筑师来说，实践才是他们存在的最佳证明。建筑师们在研究无穷无尽的建筑知识时无法找到惟一正确的答案，他们往往是通过自己擅长的方式来完善设计方案，以及探索更具创造性的设计方案。因此，建筑师们会用实证的方法来解决建筑设计中出现的问题。

我们尊重任何真实存在的事物，并尽最大努力不破坏原状，保持事物本身的特性。这是多么美妙的事情啊！相反，如果人们抵制创新，拒绝新事物，那么人们的工作真是枯燥无味。
——史蒂夫·汤普金斯、霍沃思·汤普金斯（Steve Tompkins, Haworth Tompkins）

NL建筑事务所·Prisma公寓／解决问题

批判性判断

　　建筑师可以用一种特殊的策略来弥补建筑设计问题中找不到惟一正确答案的不足，那就是具备批判性判断的能力。批判性判断是经常为建筑院校所用的术语，它与评论家做出评论中的"批判"是有很大区别的。

　　批判性判断是一种思考的方式，它有助于建筑师们确定解决建筑问题的方法，使建筑师们自愿、坦白地质疑自己的决定，并把自己的设计方案与他人所能想到的设计方案进行比较。

　　批判性判断是建筑师的核心价值观、知识系统、训练内容、实践经验、审美倾向和思想结合的产物，它具有反思性、生动、情景化和实用的特点。但是，把批判性判断作为解决设计问题的方法也有这样的难题：它取决于建筑师个人的想象力和从错误中学习的能力，这是一个无形的过程，很难给出具体的标准。

　　而批判性判断的优点表现在：建筑师拥有这样的能力后，能够应对不同的问题，拓展设计思维，这对设计作品是否具有创造性尤其重要。批判性判断也给了建筑师们质疑现存想法，以及挑战难题和现状的勇气。无论面临怎样的问题，建筑师重要的职责之一就是找出解决问题的方法；相反，如果复杂的建

建筑语言：一些经常用到的建筑术语释义

建筑学：孔穴
日常用语：窗户
含义：一个开口（这个设计并不是特指窗户、门或者其他的开口）

建筑学：空间
日常用语：房间
含义：没有定义具体房间类型的空间，它的特点、形式和功能都不确定

设计过程

筑问题得不到合理的解决，设计深入阶段就会出现更多难以预料的难题。总之，建筑设计师在方案初期需要发现更多的问题并解决它们，而不是忽略或制造问题。

批判性判断对于建筑设计师来说虽然是尤为重要的能力，但是对于怎样学习这个技巧，答案却很复杂。大多数建筑院校都很重视教育内容，而忽略了这样的教育形式。但在实际项目设计的初期，你会发现在众多有趣的方案中做出正确选择是很重要的，尤其在设计任务书限定的时间前做出的选择，这时就不要拘泥于思维定势，总是选择第一个映入脑海的方案了。另外，批判性判断比较注重文字方面的表达，所以想要掌握并运用，就需要学习"建筑语言"来给自己一个理智分析和决定的机会。

我知道，当我们确定了方向，我就失去了耐心。因为这是一个缓慢的过程：开始的时候为避免麻烦，不会深入探究设计中存在的问题，甚至是与它绕道而行，但问题终究还是会出现，使得你无法再逃避，于是就想在最短的时间内解决它。

——约翰·图奥米，O'Donnell + Tuomey 建筑事务所

建筑学：平面、表皮
日常用语：地板、墙壁、屋顶
含义：因为建筑学的历史太早了，那时候并没有给平面命名为竖直的、水平的或倾斜的图示。

建筑学：描述设计的材质
日常用语：它是由什么制作的？
含义：不要仅仅局限在"砖"上，因为你的图画暗示了这是一种轻盈而精美的结构。

建筑学：描述设计的规模
日常用语：它有多大？
含义：建筑的比例与居住者和周围的环境（郊区或城市）有什么联系？

NL建筑事务所：Prisma 公寓／解决问题

制作和思考

在建筑未建成之前，任何设计方案都是虚拟的，因此设计的可能性也是无穷无尽的。建筑师需要找到合理的方式来表达自己的设计思想，例如绘制效果图或者制作模型等。用于传达设计思想的工具都有它们各自的特性，例如，黏土的可塑性强，一般用于制作流体外形的建筑模型，但是它也很重，因此不适合制作内部结构和薄壳装饰。在效果图和模型的起草阶段，设计思路是在反复推敲和反馈中确定的，这些思路会受到表达工具的影响。设计师从具有创造性的多个草图中受益，因此，掌握多种样化的技能，理解每种设计工具的限制性并充分运用其可能性都是很重要的，灵感可能在某一个幸运的时刻就出现了。

每个设计师在设计项目时都是按照制作、思考、制作的模式反复进行的。这样的设计模式可以让你了解自己设计方案的可能性和限制性，同时还能探寻出设计的效果。

克里斯蒂安·根斯希特（Christian Gänshirt）的图示

工具会影响想法表达的过程和结果，以及我们对它的洞察力。设计师们通过对设计结果的反思，不断改进自己的设计方案。根斯希特说过，设计是一道复杂的程序，很难对它进行定义，但却可以用设计过程中使用的工具和技术来描述它。从这个角度看，工具不仅可以通过个人独自操作来实现设计成果，也可以增加不同个体间的相互了解。

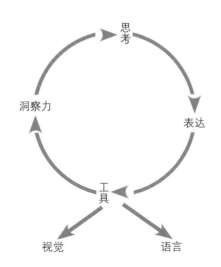

制约因素

在实践中，批判性的探讨通常出现在设计工作室，以及客户和其他对此感兴趣的人之间，其中包括策划、使用者、继承人和政客。这些人给了设计过程预想不到的限制和机会，在院校中这种情况是很少见的。但是，灵活的设计过程和多种熟悉的解决方案能够使建筑师的设计方案更具有创造性。

建筑师们通常把这种制约因素以及场地条件和客户的要求称为设计的灵感源泉。许多建筑师认为为了设计出更好的作品，他们需要制约因素。但是这种制约并不是全盘被接受，因为它将无限的可能性约束在现实中有限的范围内。面对这些不可避免的约束需要一个解决途径，所以设计师们就开始采取措施，直到这些制约成为对建筑设计有利的因素。

例如，火灾逃生条例会给逃生空间设置条件，也就是说建筑空间需要有较强的流通性。优秀的设计师会把这当成是一个机遇，设计出高质量的公共逃生空间，保证人们在逃生时不会影响各自的行为。

建筑学旨在满足一种需求或达到一种目的，并在此过程中充分发挥自身的作用。建筑师们希望用他们的批判性判断能力和创新能力来挑战各种设想，尽管他们知道建筑学中的问题没有惟一正确的答案，但对他们来说这也就意味着最困难的设计问题有可能成为发挥创造性思维的好机会。

它不是真实的。你所画的并不是真实存在的事物。但是你所画的东西可以引领你创造出真实存在的事物。

——格拉汉姆·霍沃斯（Graham Haworth），霍沃思·汤普金斯

NL建筑事务所·Prisma 公寓／解决问题

NL建筑事务所：Prisma 公寓

项目名称：Prisma公寓
完成时间：2010 年
客户：石迪琴·德·惠斯密斯特
(Stichting De Huismeesters)，
埃德·蒙昵 / 鲁洛夫·容（Ed Mo-
onen /Roelof Jong）
位置：格罗宁根，荷兰
工程项目：52 座公寓和带有咨
询室的托儿所
高度：16 层
建筑总面积：8650 平方米

右下图：
示意图：阳台

这张示意图阐述了影响形式发
展的因素。这座建筑把公寓体
积庞大的部分安置在底部，把
体积小的部分放置于上部。阳
台围绕在这种阶梯形建筑的周
围，使之连接在一起。但是为
了尽量扩大视野、增大太阳光
照射的范围，部分阳台面积不
得不被削减。在这个过程中，
建筑的比例、形式和模式都是
由建筑师设计的，他们的做法
满足了形式与功能的需求。

荷兰 NL 建筑事务所建立于 1997 年，办公室设在阿姆斯特丹，它主要是由彼得·班宁博格（Pieter Bannenberg）、沃尔特·范·迪克（Walter van Dijk）和卡米尔·克拉瑟（Kamiel Klaasse）三人组成的设计团队。下面所给出的案例介绍了建筑师们是如何运用项目纲要中的制约因素进行设计工作，以及如何用图示和模型来探寻、测试和记录有可行性的设计方案的。

项目

事实上，NL 建筑事务所平时并不关注那些无关紧要的项目。他们更专心于解决与人类生存相关的大事件，例如，怎样改善人与城市的交互联系。为了解决这个问题，他们开发了适用于这种项目的设计方案并反复实践，直到找出最佳的创意方案。他们全身心地投入到工作中，严格遵守项目简介，最终他们艰苦的付出得到了可喜的回报，设计出让人耳目一新的方案。

Prisma housing 大厦位于二战后住宅开发区的中高层公寓和公共空地之中。大多数已存的建筑已经满足不了城市和人们的需求。NL 建筑事务所对地形进行研究后，发现需要革新的原有建筑在平坦的地形中是少有的高层建筑。从城市平地到城市地标的设想让建筑师想把主要精力放在阳台的创新改造设计之中，并且进一步探究这个想法。并且，阳台的改造会给目前的建筑提供一个崭新的外型。设计师运用模型和示意图，尝试了多种不同的排列，探寻了公寓风格的变化、地理位置、建筑轮廓、体积、住户的隐私、具有动感的形式、维修通道、公寓公共空间的大小以及光照情况等问题。

设计过程

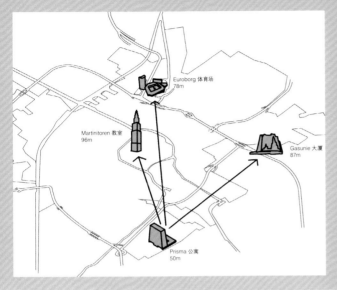

示意图：回顾

通过对地形以及在平坦景观中进行开发低层建筑的研究，NL建筑事务所的建筑师运用他们敏锐的直觉，并结合图形和分析表解释了建筑形成背后的设计过程和概念思维。

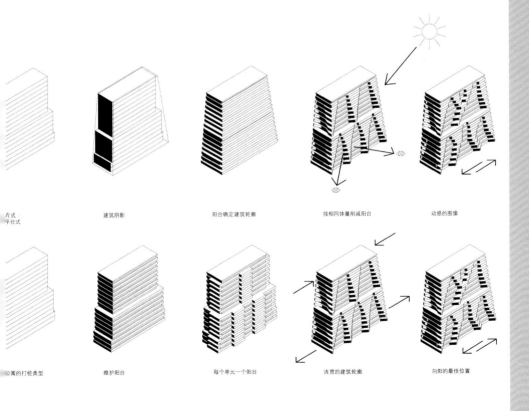

| 方式 平台式 | 建筑阴影 | 阳台确定建筑轮廓 | 按相同体量削减阳台 | 动感的图像 |

| 公寓的打桩类型 | 维护阳台 | 每个单元一个阳台 | 连贯的建筑轮廓 | 向阳的最佳位置 |

发展理念 ／ NL建筑事务所：Prisma 公寓 ／ 解决问题

Sketch 模型

这一系列草图模型展现了设计的
发展过程。根据光照和视野的
变化、不同公寓类型以及居民
利用阳台时对隐私保护的需求来
对建筑的室外形态进行调整。

右图：
Prisma 公寓

图中为建筑建成后的效果。

设计过程

建筑师需要想办法解决设计中矛盾的问题和任务物简介提出的问题，让这些问题成为可理解并能被解决的。

例如："这个电影院将被设计成具有明暗对比的空间"，这就是一个设计理念。这个理念可以帮助建筑师们在众多的可能性方案中辨别出哪些是有意义并可行的。再如："人们进入到黑暗的观看大厅，在灯光的照射下周围变得明亮。而电影的情节会给人们从明到暗的情感体验。所以，对于观众来说，大厅中窗户的地理位置和形式的设计是很重要的，与此同时，为设计空间所选用的材料也应该是双重性的，要有强烈的对比效果。"

在一个设计方案确定的过程中，建筑师们需要一个万能的理念来解决所有问题，包括从建筑材料的使用到建筑使用者的情感体验。它能作为一个整体的理念来应对所有的设计要求，避免建筑成为脱离整体环境主题的不和谐因素。

然而，这样的理念不仅仅是解决问题的途径，它也可以使建筑师、导师、客户和合作者的脑海里据此浮现出各自的效果画面，使设计方案在实施过程中，合作的双方都对其有更好的理解。一个强有力的理念应该能在每个建筑使用者中产生共鸣，因为它已经由一个想法衍变成了一种意义。这种意义包含着与建筑使用者之间在多方面的互动，并且在建筑被使用的过程中仍然能给人们带来意想不到的益处。

在前面的章节中我们讨论了积极构想，增强感知力，实证探究和建筑师的工艺技巧，这些因素促使建筑师需要为建筑设计注入一定的设计理念。如果在项目开始之前不探寻"问题是什么"的话，建筑师们也不能够解决复杂的建筑因素，这是人们关注建筑含义的重要因素，也是为什么我们会被建筑所吸引，并且对建筑产生兴趣的原因。建筑学中往往会尽量避免在解决问题阶段只有一个答案的局限性，因为这种局限性会成为开拓建筑师创意思维的阻碍，使更多的答案也不会出现了，以至于我们看不到更好的建筑设计作品。

建筑活动的引发

有少部分建筑师把设计的表达当成是循序渐进、理性而有条不紊改善的结果，或者是瞬间灵感的产物。但大多数建筑师会认为它是两者的结合，如果这两者进行比较的话，他们有的会更倾向于灵感。建筑师认为设计灵感的来源是不同的，有的在实践过程中产生，有的则是在思考过程中产生。

无论他们站在哪个立场上，绝大多数建筑师都认可这个规律：建筑设计过程需要设计师用自己所有的能力进行创造，也需要大量的时间来实践和思考。这个有效的方法可以帮助解决建筑问题或者降低问题的复杂程度。

关于"设计是在何时、怎样产生的？"的辩论正是极具代表性的事实，阐述了现实中并没有建筑师们可以直接遵循的固定设计过程。就像是解决复杂的建筑设计问题必须通过个人独立思考一样，每个建筑师都要自己决定怎样去设计方案，这也是建筑师设计过程的一部分。每个建筑师都遵循着一个原则，而这个原则是在他们自身经历和教育的影响下形成的，这些会帮助他们解决设计过程中遇到的各种问题。

一个建筑理念应该涉及到各个领域的知识。它应该足够清晰并且涵盖各个方面，一旦了解了它，无论遇到的问题属于什么领域，在什么情况下，这个理念都应该能够把这个问题解决。

——朱迪丝·路斯（Judith Lösing），East 建筑事务所

Klein Dytham 建筑事务所："Billboard 大厦 / 发展理念 / NL 建筑事务所："Prisma 公寓

Klein Dytham 建筑事务所：Billboard 大厦

项目名称：Billboard 大厦
完成时间：2005 年
地理位置：东京，日本
工程项目：商店
高度：两层

Billboard 大厦的最窄处

Klein Dytham 建筑事务所是 1991 年由阿斯特丽德·克莱因（Astrid Klein）和马克·戴萨姆（Mark Dytham）在东京创办的。他们的实践工程包括建筑、室内、公共场所和设施多个方面。除此之外，他们还在国际范围内举办讲座并授课。这个案例研究并阐述了发展设计理念的方法，以及运用这个理念进行设计并与客户和使用者进行交流。

项目

　　Klein Dytham 建筑事务所的工作地点是一个快速变化的城市，他们在那里追求风格创新，并突破审美的限制。为了适应这种苛刻的环境，他们建造令人"难忘"的建筑物，并且通过建筑理念将其体现出来：也许建筑本身存在的时间并不长，但是它所传递的积极理念却流芳千古。这种方法需要建筑师具有创造性并引人入胜的建筑理念，以便清晰地告知人们建筑是用于做什么的，是为谁而建的。

　　在《Klein Dytham architecture——Tokyo calling》一书中，阿斯特丽德·克莱因解释道：我们并不想被提名，而且我们的理念并不学术。建筑的本质是视觉效果，就是观看建筑、欣赏建筑，而并不是对理念的描述。

　　Billboard 大厦的设计就很清晰地诠释了建筑理念是怎样体现创新的。对于"什么是建筑理念"这一问题，建筑师们会给出不同的答案。但是在本质上，理念就是方案背后能够把一座普通的建筑物提升到建筑学高度的思想。不仅建筑师能够理解这个思想，经过这里的人和使用者也都能够理解这个思想。

探寻过程 / Klein Dytham 建筑事务所：Billboard 大厦 / 发展理念

Billboard 大厦内部构造

在这样显著的地理位置上，建筑占地面积很小，宽度由2.5米逐渐缩减到0.6米，但是这些挑战却成了建筑优势的体现。整个建筑内部空间狭窄，建筑力学使得建筑立面像一个平面板，跟附近的广告牌很相似。而这座建筑的设计理念实际上就是将空间狭窄的建筑设计成看似平面板的广告牌，商店可以将这个建筑当成广告牌使用，这简直就是一举两得的事情。这个案例最显著的特点之一就是其设计理念清晰并且容易被理解。

阿斯特丽德·克莱因和马克·戴萨姆也想到了"Pecha-Kucha Night"这样的方法，这是另一种学习建筑学和建筑设计想法的方式（Pecha Kucha 是日语发音）。它是一种非正式的活动，会有一些设计师被要求当众在20秒的时间内说出20个设计方案（可以登录 www.pecha-kucha.org 查看）。这是设计师展示才能、表达理念思想最简便的途径。这个方法可以把不同的设计思想汇集一起，来形成比传统演讲或评审准则更加灵活、新颖的设计理念。

可用作发光广告牌的商店

摄影师：黛琪·安诺（Daici Ano）

这是一座整个正面呈现出巨幅平面板效果的建筑，我们让它变成为它想成为的样子——可以居住的广告牌。

——Klein Dytham 建筑事务所

1

2

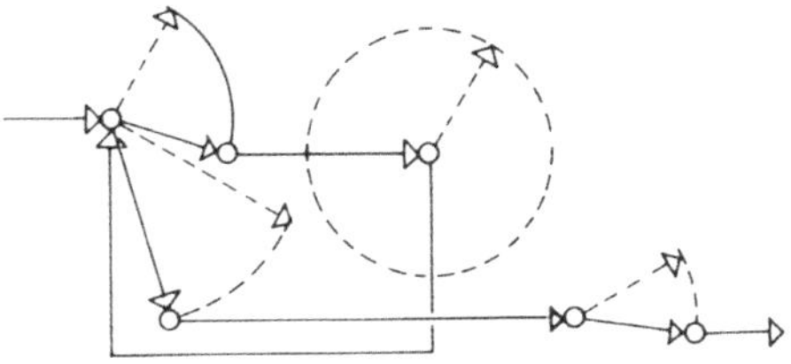

赫斯特·里特尔在设计过程中产生多样性和减少多样性的过程图示

1. 线性序列
2. 检验及扫描
3. 系统化生产中产生的备选方案
4. 在多步骤的过程中形成的备选方案

分析设计过程

在《Tools for Ideas: Introduction to Architectural Design》一书中，克里斯蒂安·根希斯特给出了四张图表来说明赫斯特·里特尔对设计过程的分析。第一个最简单的图描述的是先做出一个决定，引发接下来的行为，然后这个行为又会引发另一个决定，就这样延续发展下去。理论上，这个流水过程可以描述成一个非常熟练的建筑师设计方案的过程，并且对于这个过程，他有成功的经验。但是，如果这种设计方式被运用到实际设计中的话，建筑师就会用同样的方法来应对不同的问题，反而会导致他们不再追求创新了。

第二个图表"检验及扫描"说明了设计师也在一定程度上运用了第一张图中的思维模式。但是当第一种方案产生的结果不太理想的时候，设计师又会重新回到起点，采取另一种方式。在第三个图表中，设计师探索出了多个可能性方案，在确定方案之前对它们进行研究和检验。第四个图表体现的是在设计过程中设计师选择多种设计途径，但是又对设计方案的数量有一定的限制。

在这四种设计过程中，第四种与实际中的设计过程最相近，它显示了设计师为了使任务能够更容易被解决，而需要设置的

3

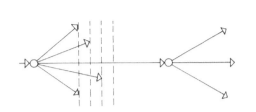

4

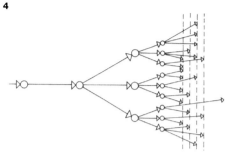

强制性约束。因此，无论设计师做出的方案多么合乎逻辑，也是带有其任意性和主观性的。这种用图表形式展示的方法有利于理念的塑造，并且能够清晰地反映出不同设计师设计风格之间的差异，或者至少是设计师们感知到的不同设计方式。但是，用这样的图表来提供明确的实际发展过程记录是不可能的。因为在任何一个项目方案中，确定设计方案是很快、很复杂、也很混乱的，不能够被清晰地定义和记录。

理解设计过程

当然也有其他方式可以用来描述设计过程，但是它们也都有自身的限制。更加有经验的描述包括专题论文、案例研究、理论著作、建筑传记和专业访谈。这些能够帮助建筑师通过分析其他建筑师的设计过程来感知自己的设计过程。我们应该记住的是这些描述是回顾性、主观的，并且常常是必然的、不全面的。

尽管给设计过程下定义是有局限性的，但是回顾设计过程和介绍其部分内容也是有价值的。我们需要设计过程任意阶段的记录来保证其整体性，因为如果描述太具体的话，就很难被理解或很难被运用到实际建筑问题中去。

SHoP 建筑事务所：Mulberry大街290号

**项目名称：Mulberry 大街 290
号（290 Mulberry）**

客户：Cardinal 投资公司
地理位置：纽约，美国
工程项目：9 个住宅区、地上和
地下商业空间
高度：包括房顶一共有 13 层
建筑总面积：2490 平方米

建设中的西北方向的透视实景图

由一个个单独、重复的铸模嵌
板组成了在起伏中又有变化的
砖质表皮。

SHoP 建筑事务所是在 1996 年由金伯莉·J. 霍尔登
（Kimberly J Holden）、格雷格·A. 帕斯夸雷利（Gregg
A Pasquarelli）、克里斯多佛·R. 沙普斯（Christopher
R Sharples）、科恩·D. 沙普斯（Coren D Sharples）
和威廉·W. 沙普斯（William WSharples）在美国建立
起来的。他们的背景涉及到建筑、美术、结构工程、金
融和商业管理。他们在国际范围内教授课程、开设讲座、
出版图书以及展览作品。这个案例研究阐述了怎样运用
设计思维和数码工具解决居民楼复杂的结构与形式问
题，以及商业建筑的问题。

项目

SHoP 建筑事务所的建筑师的设计方法需要同时考虑到
多方面的内容，包括设计，金融和科技。他们利用电脑来设
计，用制造科技来拓展设计的领域，并且还把设计过程和建造过
程结合起来，并由此而闻名。通过运用科技来处理复杂的设计数
据，并且从那些数据中直接得出设计方案 SHoP 建筑事务所能
够快速高效地找到合适的设计方式。

Mulberry 大街 290 号是一所坐落在纽约州诺利塔的居民楼，
它离普克大楼（Puck Building）很近，普克大楼是一座有独特装
饰和历史意义的石造建筑。建筑的形式和特征响应了当地的建
筑法规。这些法规规定了建筑阴影面积每 9.3 平方米不能超过
建筑红线的 10%。SHoP 建筑事务所解释说这种限制给了他们
为建筑设计起形式的表皮机会。设计师把主要目光放在了设计
可重复利用并且能用于多种结构的单一起伏面板上，它可以被
用在建筑的边角处、窗框、地铺以及房顶上，并且能展现出生动、
多样的外观。由于传统的砖砌方法不能承受如此高的建筑的重
量，因此将其构造方法改为交错排列，呈现出层次清晰的肌理。
当然，所有设计都是要严格遵循建造规则和结构承重要求。

设计过程

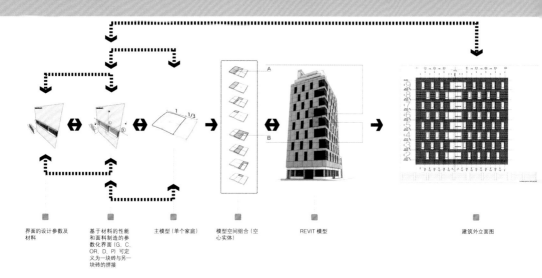

界面的设计参数及材料　　基于材料的性能和面料制造的参数化界面（G、C、OR、D、P）可定义为一块砖与另一块砖的拼接　　主模型（单个家庭）　　模型空间组合（空心实体）　　REVIT 模型　　建筑外立面图

上图：

外立面制作

图表展现了外立面制作的过程：制作者所制定的限制，砖的投影的极限，主面板模具，一个主模型的不同设计方式。"三维建筑信息模型"，用于制作面板的草图。

右图：

参数设置

屏幕上显示了起伏的建筑表皮设计的参数设置。使用设计软件并且能根据设计的改变即时调整的绘图软件提高了设计的效率，降低了项目中出现错误的概率。

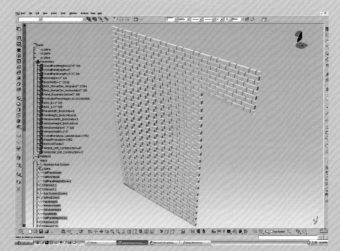

设计过程

数控铣床制造的铸模嵌板

数控铣床用数字画图设计出了
灵活的塑料形式。

像"Digital Project"和"Generative Components"这样的软件不仅能够用来设计模型，以及解决设计中遇到的几何代数问题，而且还能限制建筑的设计不能超过规定的尺度。另外，建筑的面板是通过把数据输入到 Revit 软件中进行设计和制作的。Revit 软件是专为建筑信息模型（BIM）而构建的。BIM 能够随时追踪到设计中的变化，提高了收集工程数据和计算改变成本的效率，降低了复杂项目中的错误率。

绘图过程中的数据也可以作为起伏面板的设计参数。一个灵活的塑料模型是由计算机数控（CNC）设计的，CNC 是 SHoP 建筑事务所和制作者所使用的工具。这个塑料模型的参数设置要足够精确，能够确定砖块的放置和将灰浆注入接缝的具体位置。操作时提前放好的面板此时也会被移走以放置砖块，在放置砖块时需要加倍小心、认真。

三维电脑模型

这个模型是为了显示建筑立面中具有不同参数设置的起伏面板的位置。

用数字工具来解决建筑师在实际设计中遇到的数据问题不仅效率高，而且，当建筑师遇到的问题比较复杂时，也不至于对项目方案设计失去信心。这种制作模型的形式给了建筑师视觉想象的空间和具体操作数据，使设计师在讲述方案之前，更加快速并透彻地理解不同的设计方案。这样的话，建筑师就可以针对如何进行设计的问题同时作出主观性和客观性的批判性判断了。

把设计工作室当成一个实验室、一个会议室、一个剧院或者一个教室。

——SHoP 建筑事务所

在很多方面来看，建筑学就是一个人文的、敏感的学科。建筑师们会预先寻找问题和所需求的答案，若想拥有预知和所需的物质条件就要求我们有足够的能力和认真程度。如果建筑的预测出现了错误，会对社会、环境、政治和金融产生严重影响。虽然建筑学是敏感的，但它是要求有主动性的，建筑师们不会等到别人催促才去寻求问题的答案，他们会自己去探索，并且创新。

创造周期：态度和行为

为了遵循创新和新颖的设计过程，建筑师们必须拥有不同的态度和行为。从一个阶段到另一个阶段的循环是间断的，因此建筑师可能会忽略某个阶段，或者徘徊在两个阶段之间。

复杂性：可以激发设计师寻找灵感，解决建筑设计问题。

挑战：建筑师既要敢于挑战现状，又要敢于重新定义某个问题，这样才能真正理解问题并得以创新。

创造性：建筑师一定要善于接受新事物。有时候，创新可能只是一次偶然的灵感突发。也有的时候，对以往知识整理或推测都会变得异常困难，但从本质上来说，这种困境是对主观犯错的控制。

信心：一定要相信能够设计出方案。在设计过程中，设计师要对出错做好心理准备。这可以让我们记住，设计过程中的有些决定只是能够存在于纸上，需要设计师来探索其他可能的途径。一个优秀的设计师会在先前的设计方案失败的情况下寻找新的设计方案。而且，好的设计方法总归不会被浪费，包括对其他项目，同样会发挥其作用。

交流：一旦开始实施一种设计方案，设计师就要和别人交流这个方案的含义和特点，这样他人才能够理解其设计建筑的意义，当然建筑师也可以通过绘画、模型和语言的形式展现自己的设计思想。由此可见，交流是使设计方案成为现实的最好途径。

关键性判断：它仍然被用于方案确定和想法生成。

把控：一旦一个方案被接受了，对方案的把控能够把这个方案改进得更好。只有把控想法，建筑的使用者才能够体会到它的设计意义（有很好的理由相信把控和交流同方案实现是相互联系的）。

项目名称：Young Vic剧院
地理位置：伦敦，英国
建筑师：霍沃思·汤普金斯
（Haworth Tompkins）
完成时间：2006年

夜色中翻新的戏剧礼堂展示了建筑场景与建筑材料之间的关系。

设计方案在建筑院校和建筑行业中普遍存在。它不仅仅是通过建造的建筑来体现，也是解决问题、进行实验、提高技能、交流新想法的工具。值得一提的是，设计过程和设计方案都没有固定的规律可循。一个方案可能从客户开始，另一个却可能从场地开始。设计可能会进入到一个特定的阶段，然后又回到另一个阶段，也有可能会略过某个阶段。而且有些步骤是在设计初期要完成的，有些则是被提前的。

本章将设计过程大致分成了五部分，从客户开始，以项目完成到可以使用的阶段为最终环节。根据设计过程无规律的特点，有两种阅读本章的方法。可以根据不同的建筑师来阅读：通过阅读五个建筑师的采访记录和他们的设计作品，可以对比他们不同的设计方式；也可以根据不同的阶段来阅读，在设计方案的每个阶段都提供了该阶段典型作品的信息以及建议。

这五个部分中每一个部分都会检验审查学生的设计日志，而这个设计日志是学生描述他们相似的实践经历。书中也提供了练习题，要求给出在某个阶段可以用来制作设计方案的有效途径。当然，你也可以把设计工作室的实践和教育环节相结合。为了提供后面练习和教课的参考资料，被采访的五个设计师都对自己的作品进行了介绍。其中涉及到他们的书的知识可以在第 172 页找到更详细的内容。

该阶段的主要活动

客户会议

绘制草图

记录想法

组织图表

收集信息

列举可能性方案

解决复杂的问题

研究

合作

反馈

制定优先顺序

项目名称: Tufnell Park 学校
地理位置: 伊斯林顿, 伦敦, 英国
建筑师: East建筑事务所
完成时间: 2006年

内部预期剪辑画面

虽然真正的项目纲要都是改编的, 最起码需要有虚拟的客户, 但是大多数学生设计的方案都没有真正涉及到客户。在这里导师以及评论家都可以作为代理客户, 然后设计方案可以与代理客户沟通后再进行改善。

许多现场的方案设计都只是为了满足客户的需要, 而这些需求正是构成项目纲要的基础。如果客户需要建一座新的商店, 他会联系建筑师并且要求建筑师设计完成这个方案。但是这个需求可能会分好多种情况, 该客户如果是个房地产开发商, 他只是想在这个建筑上谋取一定的利益, 那么, 他就不是建筑的使用者了, 建筑师可能就要为未曾谋面的人来设计建造这座建筑。此时, 建筑师要认识并了解客户、用户的各种需求与约束。

项目纲要的复杂性通常都不是特别明显的, 它并不是在方案开始的时候建筑师交给客户的固定文件, 而必须是在建筑师与客户和用户合作后设计出来的, 随着项目方案进行, 并且能够解决环境变化所带来的问题的文件。经过建筑师和客户所认可的项目纲要可以完全改变一个方案的方向、形式和特点。建筑师通常情况下是项目纲要细节发展和发现过程的驱动者, 他们必须寻求一种满足世俗或者富有诗意的需求和愿望的答案。

我们总是努力为建筑的需求定位，这也真正影响到了项目纲要。

——丹恩·热桑（Dann Jessen），East 建筑事务所

灯

镜子

衣柜

厨房储物器具

湿水游
戏区

残疾人
卫生间

庇护甲板

尺度高的踢脚木板

East 建筑事务所

East 建筑事务所是坐落在伦敦郊区，以建筑，景观为主要业务的设计工作室。它的三个经理分别是：朱利安·刘易斯 (Julian Lewis)、丹恩·热桑和朱迪丝·路斯。他们都对场地的利用以及场地形成的方式，城市以及城市的空间、建筑和景观都非常感兴趣。他们对城市建筑物的角色进行完善并让其与城市适应的作品得到了认可。在他们设计方案的时候，会考虑对什么人将要欣赏到这种景观，又是什么人将要成为建筑的使用者这些问题考虑周全。这个考虑在制定项目简介的时候就开始了，并且会持续到资金筹集和项目建造时期。East 建筑事物所的工作的范围包括从大规模的景观和城市计划项目到改造公共空间的社区建筑。除此之外，他们对那些有潜能的，以前被忽视的边缘场所非常感兴趣，因为他们能够将这些场所设计成足够合理的公共空间来满足当地居民的需求。East 建筑事务所的经理们都是伦敦发展署 (LDA) 的设计顾问，他们在伦敦城市大学 (London Metropolitan University) 和瑞士迪门德里西奥美术学院 (Accademia di Mendrisio) 任教，并且在国际上也进行专业讲座。

East 建筑事务所拥有较强的实力，它利用复杂的公共领域项目所提供的机会，来探索新颖的方式把公共空间的不同使用者联系起来。他们用实践把这些理念转变成了与其他复杂的客户机构有效摘要的途径，例如学校和公共社区这类客户机构。East 建筑事务所在大规模景观和郊区项目方案方面，制定的战略计划和设计指南都是有联系的，例如"伦敦交通街道景观指南"就是另一种形式的项目纲要。

对朱利安·刘易斯、丹恩·热桑和朱迪丝·路斯的采访。

在制定"伦敦交通街道景观指南"的设计方案的时候，你们对自己和项目纲要有怎样的期望？

丹恩·热桑：首先一定要记住我们的客户是伦敦，所以建筑不仅仅是要取悦付钱给我们的客户，也要满足项目本身的需要，从而实现自己的抱负。这个项目很不一般，因为它横跨了整个伦敦。一般情况下我们在项目设计中会倾向于一个具体的地理位置，而对于"街道景观指南"，我们需要了解到城市整体空间的特点和文化特征。

朱迪丝·路斯：为城市的交通街道设计并不是给人们的生活制造一个优雅的背景，他们的期望是要有安全的路口和方向指示系统。我们的任务就是将这个期望用空间效果和简单的设计体现出来。

除了投资方的客户以外，其他的客户会影响到你们解决建筑问题的途径吗？

丹恩·热桑：为公共领域投资的客户并不是项目的使用者，而是受益者。但我们知道使用者有很多，而且群体庞大，这也就意味着我们要极其重视建筑红线。因为界限以外的人们也是其他项目的，这就决定了我们在界限以内应该怎么做。如果你排斥这个界限或者忽视它，那么这个区域的整体设计都会受到影响。

场地、背景和地理位置 / 客户、用户和纲要

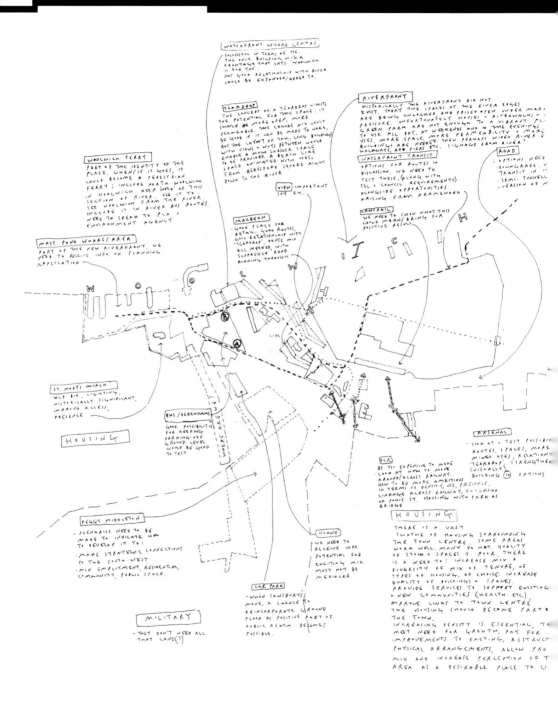

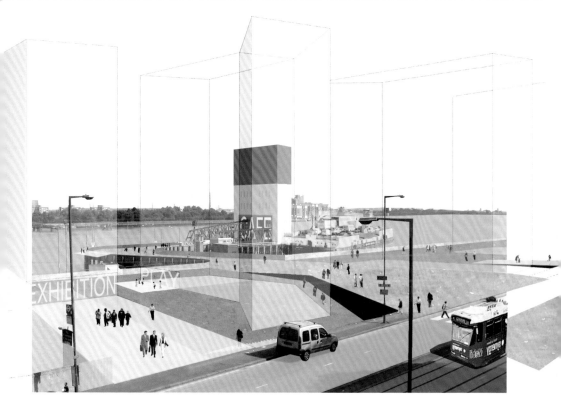

项目名称: Woolwich 发展框架
地理位置: 伦敦, 英国
建筑师: East建筑事务所
完成时间: 2003年

左图:

发展框架研究。East 建筑事务所创建了一个叫做绘制"思维发散图（hairy drawing）"的工作模式。它是指几个坐在一起画图的人，边交谈边在同一张纸上做记录，把他们所知道的关于项目的知识都总结到一起。这可以让成员们记得哪些信息是重要的，并且可以通过与其他人交流也可以解决手头上的设计问题。

上图:

这个策略和未来模式效果图展示了哪些要素去掉后不会影响整体建筑。

场地、背景和地理位置 / 客户、用户和纲要

当你们在跟客户研究制定项目纲要的时候，会称它为"合作、协商、谈判"吗？

朱迪丝·路斯：如果我们用"协商"，就感觉像是表达"我们已经设计好了，您对这个设计方案满意吗？"，这不是我们想要的工作方式。而"合作"貌似也不太符合，因为它意味着客户和用户对于我们来说有相同的作用，但是最终设计方案还是需要我们来决定的，所以最好用"谈判"。我们需要理解每个客户的需求，然后提出合理的设计方案，希望能与不同客户达成共识。另外，我觉得"参与"更加贴切，因为它更活跃，更符合逻辑。

丹恩·热桑：有些建筑师可以同时提供不同的方案，并尽量保证它们的统一性。但是，我们发现，优秀方案并没有那么多。因此我们会选择跟人们一起合作，讨论建筑的材料、颜色和质地。

朱迪丝·路斯：有时候也会达不成共识，人们甚至会张贴很多便条纸，或者带来一大群朋友来扰乱。所以我们一定要记得，在与人们沟通中，提议和有意义的讨论是非常重要的。

丹恩·热桑：在刚开始，需要教人们一些设计技巧，因为他们并没有接受过设计讨论中所必需的教育。令我印象深刻的是，在教授进行没多久时，一位居民就开始跟我讨论砖的质地的重要性，因为她很重视砖的质量。实际上如果以前有人聆听，她也不会把这些观点表达出来。人们通过评估自身所处的环境来与我们交流，我们从这些交流中得到了很多想法，这真的很令人兴奋。

朱迪丝·路斯：Sussex Road 学校就是一个在早期就建立客户关系的典范。客户群不是模仿设计师的角色，他们所受到的教育是要成为客户。学生们会给学校制造各种各样的麻烦，而且还捉弄不能补妆打扮的代课老师。但我们会尽量引导学生不要再说"我想要一个绿色的沙发"这样的话，而是教他们要意识到他们在学校使用各个空间时所存在的问题，并且会递交一份我们没有想到的项目纲要，因为我们对这个学校并不是很了解，还达不到学生以及家长对学校的熟悉程度。在以后的一系列会面中，我们会告诉学生我们对方案的理解，并且会检验方案是否合理。也有的时候，我们会跟学生一起做模型，或者给他们带来可以操作的模型。

丹恩·热桑：模型比草图更容易被理解，因为模型中结构和空间的关系很明确，立体效果逼真。其实人们的想象力是无限丰富的，有时候人们的思维很活跃，能够直接设计出建筑方案，然而有时候却很匮乏，也就只能设计出普通的地板和简单的方案。

朱迪丝·路斯：有时候我们会处在这样的境遇：想到一个能解决所有问题的理念。在这个阶段我们会努力描述这个理念，让客户对我们的设计感兴趣。但是如果有必要，这也是可以协商调整的。

丹恩·热桑：我们发现人们都担心变化，于是描述一个地方的优势便成为很重要的环节。既要介绍自然规律方面，也要介绍文化方面以及社会关系方面。总之，设计建筑的一个比较经济方法就是要客观评价这个地方，以及尽可能地利用其优势。

场地、背景和地理位置 / 客户、用户和纲要

当你们跟客户谈话的时候，你们会画图吗？

丹恩·热桑：会的，也为了更好的理解双方的谈话，画图是必要的。而且我们会在草图上添加注释，因为无论是立体设计还是图画剪辑，图画和语言的结合能够更高效地进行表达和交流。

朱迪丝·路斯：我认为如果给客户画图，也就能够让客户参与到设计中来。其实，在交流中设计图示有助于双方更好地理解设计理念，而且同事们在办公室的时候也可以运用这种方法来讨论。

项目名称：Hastings 托儿所
地理位置：海斯廷斯和圣伦纳兹，英国
建筑方：East建筑事务所
完成时间：2008年

在设计游玩场所前，设计师们会跟使用这个场所的小朋友们交流。在草图中，建筑师通过对小朋友游玩的观察，将扩展新的游玩空间的建议和意愿在草图中表现出来。

丹恩·热桑：我们会把很多时间用来考察场地和与人交谈。这些谈话通常都是与图画有关的，所以每次与客户见面我们都会用画图代替写字。我们直接在草图上绘出图画，让客户看到立体效果，这样就能够得到合适的设计方案。

朱迪丝·路斯：初期与公共部门客户的谈判是项目纲要的一部分。通常情况下，这个环节是非常有用的。谈判内容不是关于"告诉我们你是怎么想的"或者"哪里不对？"，而是使他们在初期对场地功能的检测，来决定场地是用来做什么。例如，在商量之后，我们在肯特尔公园里设计了一个与公园形状相似的沙盘，我们的目的是展示设计方案，与此同时看看孩子们是否喜欢玩沙子，如果不喜欢，我们就可以在这里覆盖上安全橡胶表面替代沙子。

丹恩·热桑：如果你把所有要建造的建筑都画在了示意图上，那么你本身就是客户了。找到一个现存的场所，就可以开始设计并加以调整，而不是在空间的画布上纸上谈兵。

朱利安·刘易斯：画示意图其实也需要创新思维。它不仅仅
需要记录，设计师还要选择有用的元素，并对这些元素的尺度、
材料以及文化特征进行设计。

项目名称：Rainham 河畔步行
道和咖啡馆
地理位置：伦敦，英国
建筑方：East建筑事务所
完成时间：建设中

这个项目是伦敦东部 Green Grid
Framework 项目的一部分。在这
个场所中，Rainham Marshes，
这座工业建筑与泰晤士河邻近。
这项工程是 East 建筑事务所众
多边缘空间设计项目的典型代
表。为了把这里有利条件结合起
来，扩展这个地方的用途，建筑
师们已进行了一系列的尝试来利
用这条河以及其周围环境。East
建筑事务所设计的咖啡厅为人
们提供了一个可以见面的地方，
金色的建筑表皮也唤起了对曾
经未被拆除时的 Three Crowns
酒吧的记忆。

你们的许多图纸有善于叙述的特点。

丹恩·热桑：这与我们对公共场所的兴趣有关。图画是用
来讲述故事的，要讲清楚这个地方的空间和用途，当然也会谈
及到它的文化特点。计划、阶段和改善真地适用于建筑生成，
以及建筑设计方案的确定。

**我们能够谈论一下你们的"思维发散图"技术吗？这个
方法可以让你们设计出这么多的作品。你们会用这种方
法来处理一个场景的所有复杂问题吗？**

朱利安·刘易斯：Rainham 河畔就是运用"思维发散图"
过程的产生的，这也是这个项目包含河流、工业建筑以及河滨
路的原因。

丹恩·热桑：通过总结 Rainham 河畔这个项目，我发现客

户有时候不喜欢我们把建议放到草图上来，因为这些建议会意味着客户就没有发言权和决议权了，而且现在也正有一些这样的情况发生。

朱迪丝·路斯：给公众的项目纲要需要是清晰的，因为我们需要有很多关系层面的信息和不同的机遇，但是项目纲要不能够太直白。

朱利安·刘易斯：我认为解决复杂问题时就不能采用复杂的解决方法，否则结果会是一团糟。设计师需要有清晰的头脑、简单的解决方案。

丹恩·热桑：是的，我认为清晰有效的交流，不仅仅是为了减少问题的发生，也是为了提升设计水平。

项目名称：Sussex Road学校
地理位置：汤布里奇特，英国
建筑方：East建筑事务所
完成时间：2009年

右图：草图模型展示了装饰表皮的理念。这些后来会发展成一个学校的徽章：蜜蜂、橡子和橡木叶子的木覆层。

最右面：在项目纲要发展的阶段，让学生也参与到变化的过程之中。这些变化在学生们被邀请来烙刻木材覆层的时候仍会继续。

右图下部分：项目纲要最终被Sussex Road 学校的学生运用并发展了咨询工作室。通过角色扮演来发现设计中的问题，以及设计中鼓励的活动。请见第71页，有对研讨会的描述。

采访总结

　　虽然大多数客户会选择在方案初期就提供项目纲要，但是East 建筑事务所的工作是让建筑师们质疑和挑战之前确定的目标、特点和视野：给定的项目纲要是不是没有利用一些优势的机会？实际客户的身份是必须确认的：是不是有些用户或客户与方案设计利害相关，以及谁应该参与到设计过程中？因为好多项目方案都缺少确定的客户，所以 East 建筑事务所采取了这样的决定：每个地方就是项目自己的客户，客户的需求都应该被认可和满足。这对于解决工作室设计项目中没有确定客户的学生是极其有价值的。

　　通过采访 East 建筑事务所我们得出了这样的结论：要想获得成功，必须解决客户的问题，而不是忽略客户这个因素。只要能从客户那里搜集到信息，建筑师就要提供创新设计方案，让设计思维和预期效果有较高的质量。East 建筑事务所的工作方式能够让我们学到怎样做客户、设计过程是怎样进行的以及客户在设计过程中所扮演的角色是什么。建筑师一方面要维持住自己的设计过程，另一方面还要清楚原创者的成果。由此看来建筑师的绘画能力、语言能力以及文笔水平都是迈向成功的关键因素。

　　用创新的方式问正确的问题，从中收获的知识有利于在设计过程中发现和解决复杂的设计问题。

　　我认为当机会仍然存在的时候，当我们能够接受已存场景，并且还能超越想象力和可能条件时候，都是极其振奋人心的。当然，尽管方案在现实中会被客户所否认，但这也是令人振奋的。

　　——丹恩·热桑，East 建筑事务所

Sussex Road学校：教师和学生给建筑师的项目纲要

实用的：	去除杂波	心愿：	夜不归宿
温馨空间	高效储存系统	黄砖道路	苹果摊
展览区	清晰的标志	彩色玻璃	弯曲的小路或栅栏
互助接待区	柔软的家具	轻音乐	A 先生玩水滑梯
更多私人空间	植物	两层楼的入口	电子信息
为客人准备的额外卫生间	F 女士和 D 女士会客的地方	A 先生住在顶层	轻快的电梯
为 A 先生准备的雅间	Joy 房间的儿童储物柜	附加的房间	对讲机系统
带有宽敞的窗户、广阔的视野	马赛克	气球	多感官室
茶杯	有许多鱼	客房	婴儿滑梯
设计优雅的影印房间	在入口处有许多供成人欣赏的儿童作品	交流空间	F 先生室内的灯
空间反映了学校的活力	在办公室里有更多的空间和桌子	童车车库	水晶宫殿
为 F 女士和 D 女士准备的场所		投递存储	大自然的事物
		鱼和塑料鱼	木头鹅卵石
		婴儿用品	
		起居室	

改进项目纲要

Hamlet 露天剧场是由安娜·比尔 (Anna Beer) 设计的。设计师为了改进项目纲要，就把剧本中的情景运用到建筑设计中。

学生经验

这部分讲述了一组建筑专业学生制定的一个为 12 周的设计项目。在这个过程中他们学习了怎样为客户和用户进行设计，以及如何制定项目纲要。

项目纲要

在第一周，一个当地的剧院公司提供给学生们一个项目纲要，要求在公园里设计露天剧院和演员的休息室。每个设计者都要去搜集即将在这里演出的莎士比亚话剧中的人物身份。正如所有的项目纲要一样，这个纲要也是不完整的，设计师可以对其进行改进，注入自己感兴趣的或有意义的设计元素。

人体工程学研究

King Lear 露天剧场是由拉尔夫·萨鲁 (Ralph Saull) 设计的。这个露天剧场设计的舒适条件，公园规则和座位布局都考虑到了使用者的感受。

写生薄是用来记录以前的想法、数据和不同设计方式的。通过分组讨论，学生们可以对比不同的想法，其实在大多时候这些想法都是会有冲突，但这种冲突使学生可以完善自己的项目纲要，把不同的设计理念联系起来，尤其要把项目纲要与剧本结合到一起。导师会鼓励学生提出自己的设想，尽可能地设计出更多的可能性方案。

鼓励学生要善于挑战项目纲要的约束，正如下文所提到的：

售票的地方，演员或音乐家换衣服的地方，为观众遮雨的地方，演员的职工公寓里睡觉、吃饭、洗漱、放松和换衣服的地方；以及用来待客和彩排（排练）的地方。

公园本身应该作为一个免费的公开场所，能够提供表演所需要的公共设施、布景素材和自然风景。随着设计方案的进行，设计师要确定哪些公共设施和建造物是永久的、暂时的或是季节性的。

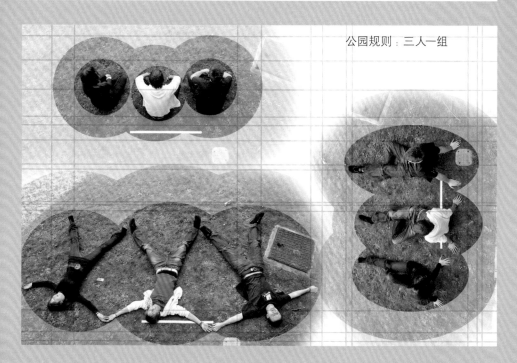

公园规则：三人一组

客户和用户

最初的项目纲要是由当地的剧院公司提供的，纲要提供者会造访设计工作室来讨论方案中没有涉及到的或者有冲突的问题，并解释他们公司是怎样运行的。与此同时，还会询问学生们优先考虑的是什么，表达出他们最后希望得到的结果。纲要提供者的亲自造访有助于学生理解设计方案的可能性以及人们对设计方案的反映。

拉尔夫·萨鲁对做设计计划的看法：
这周大脑混乱占了上风。

这个阶段的拖延现象说明设计方案有根本上的不足，或者方案表达不够明确清晰，以至于解决问题时出现困难。这样的设计方案会扰乱最具创造性的大脑领域，限制大脑想象力的超长发挥。

鲁道夫·阿塞维多·罗德里奎兹（Rodolfo Acevedo Rod-riguez）对场地不同用途的看法：
对于天气突然变化的解决办法：爵士酒吧可以为乐队和观众提供露天舞台，电影院用机械和技术手段提供了一个类似的室内空间的转换。

威廉·费舍尔（William Fisher）对设计观众感受过程的想法：
我设计剧院的方式是让这个建筑看起来像是虚拟的，观众需要通过其他的感官方式来找到它，这样人们也就有了像 King Lear 那样的感觉。这正好符合我设计的方案：将建筑隐藏起来，就好像是雪把小路隐藏起来一样。当音乐从剧院传到公园里的时候，观众们可以凭借听觉找到这座建筑。可以把观众找到座位的过程描述出来，这样就避免了节目快开始了还会都没有观众。

检验现实的练习

对于初级工作室的建筑设计项目来说，没有人委托建筑师必须设计和建造一座建筑，因此也就没有对客户、项目纲要和场地承担真正的责任，但是设计师一定要了解这些因素并且保证与项目方案的一致性。如果有任何要素被遗漏或者不符合项目方案，那这个设计就是有瑕疵的。

当学生有了连贯的设计方案时，他们会被要求中途展示一下。这可以帮助学生通过他们的创新能力来不断地改善设计纲要。这样的锻炼可以提供一个检查和平衡途径来让设计师了解并看到他们所选择领域的全景图。

为了让项目方案更有说服力，需要构建一个现实世界（即使是虚拟的）。

许多设计方案都要包括一些有竞争力的、有意义的要求。为了能够使自己的方案创新，建筑师们就要对自己有意义的方案进行关键性判断。他们要考虑到客户、公众和建筑的需求，一般都与以下因素有关。

成本	**功能**	**可能性**	**质量**
安全性	**生存周期**	**用户**	**用途**
可构建性	**持续性**	**维护**	**季节性**

1. 根据方案对这些要素的重要性进行排列。
2. 写一段话来描述与方案相关的真实背景（即使是虚拟的），把所有相关要素都列举出来。
3. 写出来的文字能够为方案提供一个更详细、更综合的背景资料。随着项目的开展，这些资料可以在后期制定计划时引用。

场地、背景和地理位置 / 客户、用户和纲要

该阶段的主要活动

场地考察

绘制草图

调查

拍照

搜集信息

解决复杂事物

合作

场地分析

绘制地图

制定场地设计战略

有时候，一个场地的地理位置、资源和文化背景就能够促成一个项目方案的实现。更常见的是，场地的可重复利用性使设计能够继续进行。而场地本身的需要比客户的需求更为重要，因为任何一座建筑，无论多么私人化，它都属于公众：无论人们有没有进入建筑，哪怕是建筑周围的过路人都是它的使用者。

单独的建筑也只不过是城市、农村或者郊区建筑的一部分，它不能是独立存在的。因此，不能把建筑当成是独立的一体来设计。通过对一个建筑的类型、规模、材料和地形进行特殊设计，使该建筑变得与众不同。除此之外，自然的、社会的、政治的、经济的以及文化的背景，是能够决定场地的用途以及它的特点的重要因素。一个场所的特点能够与其他地方区分开来就会使我们去那里的目的变得有意义，从另一个角度来说，建筑的特点能够激发使用者和设计师的灵感。

人们对一个地方的第一反映大多来自于建筑不断变化的自然因素和文化背景。这些变化需要通过建筑师针对那里的设计方案来被理解和质疑。在这些提供的信息中既包括有形的和客观的，又包括无形的和主观的，它们涉及的范围非常广泛，可以是在一天中同一个地方不同时间的自然状况、地质和大气情况、当地居民的反应以及那里过去发生的事情。

建筑师一定要造访、观察、参与讨论和记录所选择的场地。要是想更深入地了解场地的复杂性以及当地居民不愿透露的事实，就要求建筑师要拥有敏锐的洞察力，如果想处理这些复杂的建筑问题，建筑师就要利用他们的关键性判断来区分和制定优先顺序。要想条理清晰地描述一个地方的所有特点是很困难、复杂的。建筑师们一定要找到那些比较重要的和自己最了解的要素，而且在沟通交流的时候一定要给将来可能要做的改变留足余地。

CHORA建筑事务所

CHORA 建筑事务所把建筑实践和研究与复杂的城市环境结合起来。他们的项目通常都拥有大规模场地。他们面临着特殊的问题，例如：高密度居住区、极端的气候、敏感的政治环境等。CHORA 的研究实验室建立的目的就是要研究这样的地方，并建立模型以及改变它们。

CHORA 建筑事务所通过做实验和分析场地来研究这些地方的特点，包括每个地方的自然和非自然特征，以及把场地放入到整体的环境中去的效果。除此之外，事务所会与很多不同的客户探讨场地现在名字的由来，以及将来应该怎样进行定义才能够带来优良的发展。

为了了解一个场地的背景和它名字的由来，CHORA 建立的方法叫做"城市管理"。这个方法就是对城市实际情况的现场记录，这些情况的变化因素包括场地潜在的创新发展空间以及方针制定和行动计划的建议。除此之外，CHORA 也制定一个规划工具叫做"城市画廊"。伦敦都市大学（London Metropolitan）和泰晤士河河口（Thames Gateway）委托方正在检测他们的方法和工具，并正在准备对它们进一步的应用，具体项目包括智利和阿根廷之间的跨洋通道以及台湾与大陆之间的台湾海峡也都会相继使用。

复杂环境中的城市规划方法构想可以在 CHORA 的《Urban Flotsam》一书中看到。CHORA 的董事长劳尔·邦休顿（Raoul Bunschoten）在国际间进行授课，开办与 CHORA 设计工程相关的学生辅导班。

最初的理念 / **场地、背景和地理位置** / 客户、用户和纲要

项目名称：Tempelhof 能源孵
化器
地理位置：柏林、德国
建筑师：CHORA建筑事务所
完成时间：2009年

CHORA 与布罗·哈波尔德(Buro
Happold)、格罗斯·马克斯
(Gross Max) 和约斯特·格鲁特
(Joost Grootens) 合作，在"更
新哥伦比亚广场和柏林 Temp-
elhof 旧机场的国际城市设计
大赛"中成为三个获胜组之一，
针对这个 50 公顷场地的经济
有效的，并具有可持续性发展
的建议将成为此次计划的基础，
整个计划都会由 Tempelhof 的
新规划机构来制定。这个比赛
的入选草图揭示了城市背景下
建筑的发展前景。

最初的理念 ／ 场地、背景和地理位置 ／ 客户、用户和纲要

对 CHORA 建筑事务所董事长劳尔·邦休顿的采访：当你第一次造访一个场地的时候，你会用你喜欢的特殊方式来记录你在现场所观察到的内容吗？

其实观察场地并没有固定方法。我认为，感觉会自然而然地形成的。通常记录和绘图是很重要的，最好把自己的主观思想记录下来，这些主观思想可以用铅笔画出来，也可以在纸上写几句话或者做个标记。做完这些后，就可以对场地进行分析了。切记，那些记录下来的内容都是有价值的知识，如果想进行交流，就要跟别人使用同样的语言，若想让别人接受自己的设计方案，就必须讲出它的优势。

项目名称：Tempelhof 能源孵化器
地理位置：柏林，德国
建筑方：CHORA建筑事务所
完成时间：2009年

这个比赛入选草图必须将建筑师的设计思路表达清楚，一旦设计方案制定好，就会被改善并且实施。

场地分析通常是研究静态物体，但是你更倾向于关注移动的、活跃的现象。请问，这些现象能反应出一个地方的什么特点呢？

我们生活在自然的世界里，可以谈论地球、土地、气候以及一切运动的物体：有的运动很慢，有的运动很快。我们住在地球的表面，而地球是不断运动的，而且有时候会运转很快，比如气候变化，这是一个复杂的过程。地球表面的第二层是针对于我们在地球上的生活方式，我称之为地球第二表面。人类给地球建造了第二层表面，包括房屋、汽车、城市、信息、公共设施等。地球的两层表面都是不断运动的，它们之间也会相互影响。所以，我认为要想分析一个场地，一定要考虑两层地球表面之间的关系。即使是一个长期受气候变化影响的特殊场地，建筑师也要考虑到场地的整体效果和各种条件，反之亦然。例如图中的小房子，建筑师对它的设计方式，尤其是人们在房间内运行能量的方式，会影响到环境以及地球的两层表面之间的动态变化。任何看起来已经修建好的建筑，例如一座房子或者一个花园，都只是暂时地建成，因为需要运用设计将地球两层表面的因素灵活地结合起来。这时候，设计就会被派上用场了。

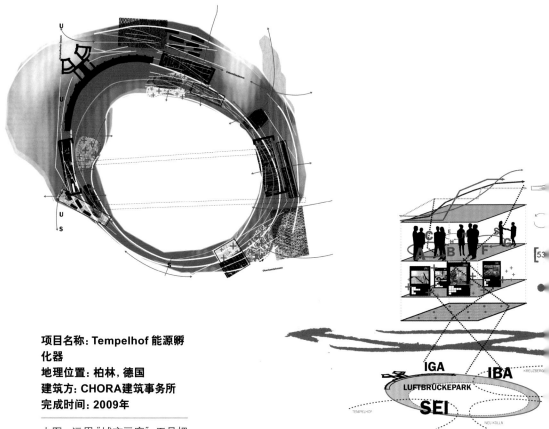

项目名称：Tempelhof 能源孵化器
地理位置：柏林，德国
建筑方：CHORA建筑事务所
完成时间：2009年

上图：运用"城市画廊"工具把 Tempelhof 场地设计成了三部分：最初的景观，这是当地人们可以进入的场所；把国际建筑展览 (IBA) 和国际花园展览 (IGA) 这样的国际项目联系起来创建的优秀建筑；用智能系统进行链接、制造可再生能源。

右图：第三部分的设计。这个场地设计展示了当前废弃机场上大规模能源再生的规划。

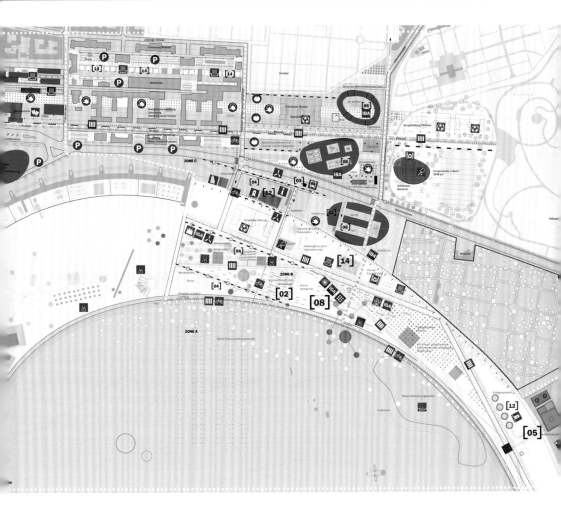

建筑师应该成为考虑这些复杂问题的人群吗？

有时候我们认为不需要，有时候我们认为我们没有能力去考虑，认为自己并不能影响重大的决定。对于城市规划者以及政客们的决策来说，我们的考虑显得那样的苍白无力。但是我们不会那么悲观，因为建筑师都是梦想家，我们能够把相关场地、环境等环节中的有益元素结合，并融入到设计当中，从而使之产生良好的效果。以安德里亚·帕兰朵 (Andrea Palladio) 为例：他深入体会美妙和谐的音乐旋律，并尝试将这种和谐应用到他的建筑设计中。

项目名称：台中市
地理位置：台湾海峡
建筑方：CHORA建筑事务所
完成时间：2008年

迷你脚本
CHORA 建筑事务所要求参与者走到大自然中去进行观察，并且确定观察过程中的四个步骤：消除、起源、转化和移动。这些步骤形成了一个被称作迷你脚本的故事。这脚本创造出这些情节之后就可以被用来描述任何场所的动态特征。

当你处在某个地理位置时，你会记录一些特写镜头、一些具体的事物，然而当你离开了这个具体位置，你就会更加关注大量的资料、图表和数据信息，这种说法是正确的吗？

当你身处某个地理位置的时候，你会注意到非常细微的细节，而这些细节是当你离开所处的地理位置之后所无法想象的。因此，我们逐渐形成了一种方法，这种方法实际上是我们现有方法体系中最初的整体形式。我们以很少的练习的方式开始，这种练习包括我们试着要去遵循的四个基本步骤。这四个步骤就像经历过滤一样被设定了先后次序，因此，最终的调查报告就像一个叙事精简的故事脚本，我们就称之为迷你脚本。它是传达从场景到建筑的动态特征的媒介，而且这些经历可以相互比较。这也是为什么这四个步骤变得如此激动人心：如果你和二十或者二百个人到了特定的场地，在那片地域上所有的人都多次使用此方法对场地进行调查，你很快就会获得与此地域相关的各种有效信息。

迷你脚本

你能解释这四个步骤吗？

它们分别是消除、起源、转化和移动。我是在和阿兰·恰拉迪亚（Alain Chiaradia）去散步的时候发现的这几个步骤，那时候他和我一起在英国建筑学院教书。这四个步骤是以对公园播种的过程隐喻为基础的。首先，你有空旷的土地，然后你种上种子，接着植物成长，逐渐成熟，最后种子又随风飘走。在这个隐喻中，这四个步骤本身也是基础单独的分类系统，只是以这样的一种自然的方式被设定按次序发展，你可以通过它们来表达任何一种存在的动态环境。

最初的理念 / 场地、背景和地理位置 / 客户、用户和纲要

厦门、台湾的航线和潜水电缆

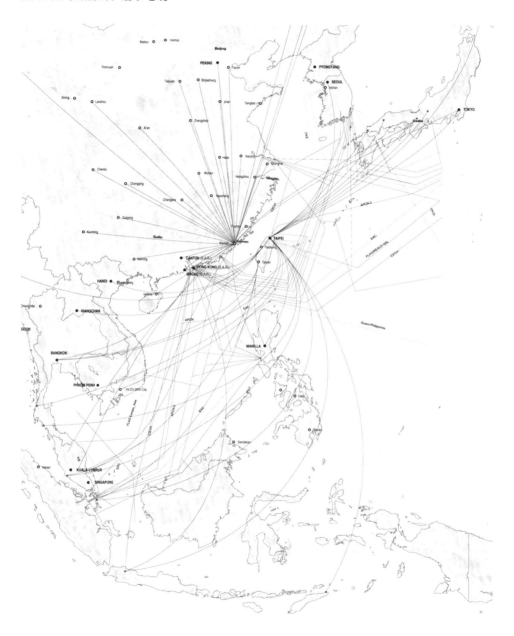

台风和地震

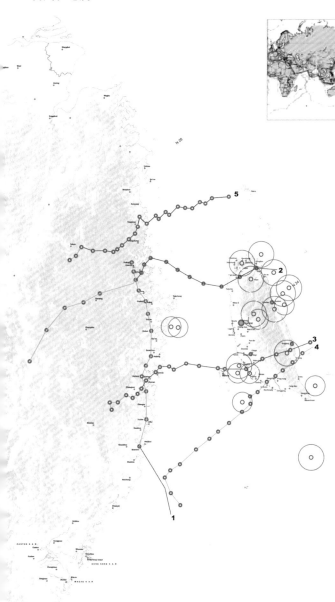

项目工程：台湾海峡阿特拉斯
地理位置：台湾
建筑师：拉乌尔·邦斯朱顿（Raoul Bunschoten）、约斯特·格鲁特）、刘宇阳、刘舜仁、王绍森以及东海大学和厦门大学
完成时间：建设中

厦门和台湾的航线，包含台风和地震带。绘制地图是用绘图的方式来展示不同种类数据和现象的关系。台湾海峡的设计需要对于复杂问题，比如政治和气候的复杂性以及城市化高密度问题的分析和理解。CHORA的分析是把这些问题所处的环境和解决方案综合在一起，用来解决他们确定方案时遇到的问题。

最初的理念 ／ **场地、背景和地理位置** ／ 客户、用户和纲要

项目名称：哥本哈根
地理位置：哥本哈根，丹麦
建筑方：CHORA建筑事务所
完成时间：2002年

对设计进行分析的时候，需要在地图上标出项目的地理位置。尽管这样的地域分析过程是随机进行的，但是在这个分析过程中，这些参与分析和标示位置的参与者能够将这个项目的场所信息和相关知识全部都汇集在一起。

你也会引用任意的元素进入你对一个地点的分析：“在地图上扔豆子”。

当看到的事物在你不知道的地理位置，或者错过看到这一事物在你期望的位置上出现的时候，都会让人感到困惑。这就是要对任意过程分析的原因，它可以帮助你观察到你想象不到的地理位置。有时这种任意性只需要你观察那些会从眼前掠过的事物，比如一只鸟或一辆车。你便可以用这辆车来谈论运输和交通工具，谈论内容并不一定是深奥的，也可以是平庸的。如果你假设这个过程由一群人来完成，你就可以获得集合的智慧。这种集合型的智慧能快速展示出地域中错综复杂的信息，尤其是面积较大的地方。集合这样的信息，需要两个条件一方面你需要主观的经历，因为每个人都有各自的主观感受需要表达；另一方面你需要获得集合的有效信息，将一个人的观察和另一个人的观察联系在一起。

为了帮助理解地理位置错综复杂的信息，你会架构地理位置的部分信息以及动态模型。

架构模型既是一种观察手段，也是一个编排的工具。它先选择并且孤立一块区域，然后你可以说，"让我们就隔离出这个地理位置进行动态观察。"一个地理位置并不是由其法定边界所划定的，而是由你的架构模型隔离出来的。你可以决定什么因素划归在这个区域范围之内，什么因素划归在这个区域范围之外，什么因素跨越此区域范围的边界，然后你可以说，"我想把基地以内的要素作为一个动态的整体看待，同时也考虑如何在基地范围内创建一个新的动态区域。"

你的脚本（方案）是替代传统总体规划的做法吗？

脚本是一种浓缩化的叙述，是建立在"如果和要是"等各种条件基础上的一种假设。但脚本本身并非是工程的一种绝对的解决办法，更多的情况下，脚本是对想法的一种途径和尝试，不断的接近最终的解决方案并建立各种元素之间的联系。他们也是在"玩弄"真实，就是在把玩各种观察的结果、现实问题以及该地域涉及到的人群。所以对于总体规划设计，我觉得更像是一种编舞者的工作：一种对于时间和空间的编排活动。在这里面，你拥有怀疑真相和尝试各种解决办法的自由。

建筑师们对于复杂情景中会发生的事以及发现问题中是否缺少惟一的正确答案都相当熟悉。

为了让选择有多样性，很多设计师不得不用游戏的方式来测试各种方案的可实施性，这样能让选择对象更多，达到与周围环境相适应。社会变革的速度飞快，我们不得不适时而变，对于大量的设计应该以艺术的形式谈论它，而不是惧怕它。这就是我为何称设计为管理者的艺术。我们能在艺术规则中受益匪浅，并可以大量地谈论这其中的美妙。

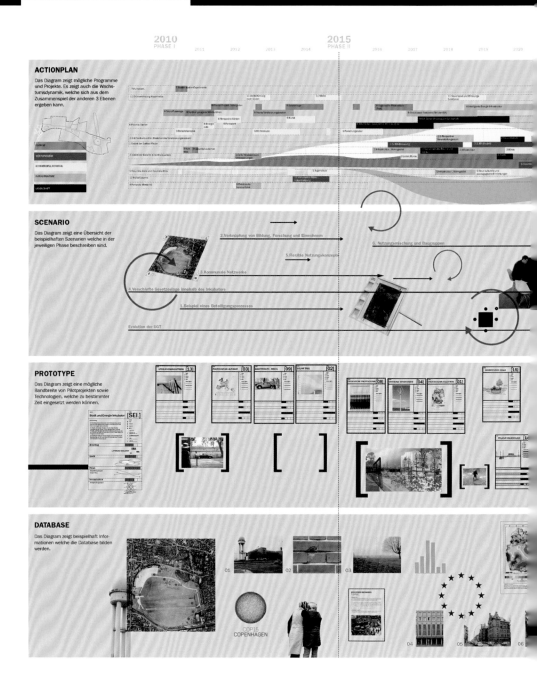

项目名称: Tempelhof 能源孵化器
地理位置: 柏林, 德国
建筑方: CHORA建筑事务所
完成时间: 2009

城市美术馆的选址是通过对地理位置的分析而确定的。它把地理位置分析数据(底端行)、地理位置的迷你脚本(倒数第二行)和提议的可能情节(开头两行)融合在一起,用来展示实现改善可能性提议的方法。

你为已废弃的柏林 Tempelhof 机场所创造的脚本，能给我们其中的一个案例吗？

　　对于 Tempelhof 机场有两个主要的脚本。其中之一是众所周知的老机场关闭，因为这是世界上第一个首都机场，也是前苏联封锁之后成功拯救柏林人民的空运地点。因此第一节就是如何以创新的方式赋予基础设施崭新的生命力，目的是把基础设施变成其他类型的设施，我们也希望将能源和城市发展联系在一起。第二个脚本是关于"透过我们的生活方式，来评定城市是能源的消耗者还是创造者"。城市发展的这个部分可能在最开始扮演的角色是类似于不寻常的植物能源。整个脚本的过程分为三个阶段，首先进行的是一个轻松的阶段，主要为周边居民进行景观美化和拓展区域；第二阶段是指大量的政府规划项目，比如国际建筑展览和国际园林展览活动将为建筑和建造试验建筑招商引资让项目进入实施环节；第三阶段是尽最大可能地通过智能化系统延续可再生资源并对其进行链接。将这两个脚本联系在一起，就可以看出一种情节是具带有历史性和象征意义的，而另一种又是高度实用的。

项目名称: Beckton 环形太阳能保温箱
地理位置: 伦敦, 英国
建筑师: CHORA建筑事务所,
为伦敦和亚当斯、萨瑟兰设计
完成时间: 2009年

脚本游戏
介绍游戏中引人注目的环节是为组织工作始终不同兴趣团体的参与者加入游戏中来。

采访总结

CHORA 建筑事务所用研发出的这套特殊方法来分析大范围的场所、环境和地理位置。这个方法同时也给不同的地方做恰当的设计提供了有针对性的策略（情节）。这就意味着场所分析不单是通过简单的经历来帮助建筑师了解地理位置，而是通过帮助建筑师在对一个地理位置进行改变的时候找到正确的方法。这在复杂大型的环境中是相当有用的，在那种大环境中，会有很多的兴趣团体的讨论会、预想的设计效果及手头上刚刚发现的基础设施的问题和冲突的解决方案。

将任意的场地放在与其自身相应的环境中考虑是相当重要的。对于一个场地不可见的过程和现象，CHORA 建筑事务所结合场地的背景给出了满意的解释。而这些过程和现象之所以不可见，也可能是因为面积太大不能对其进行完整的观察和理解（比如说运河管道），或者是因为它们受到一种无形的因素的影响（比如说国际经济关于玉米播种的补贴对一个老农所种土地的影响），无法改变现实。这种对领域整体包容和接受的意愿使建筑师能够处理意义重大的问题，并且对大规模场地的方案设计充满自信。

但这并不意味着局部的设计就该被忽视，对局部进行细致的观察是 CHORA 设计方法的基础。对于设计师来说通过多人合作而总结的观察材料的增加为他们提供了惟一正确和有深度的资源。对于给观察者来说，游戏规则的建立能够带来娱乐性和随意性的元素，它能打破原来场所中规中矩的局面，并允许参与者对其进行主观和客观的观察。这些作为结果的情节会培养建筑师的想象力（例如推测将来要发生什么）和创造力。

场地规划

法拉·尤索夫（Farah Yusof）设计了 Macbeth 露天剧院。这个场地的规划是通过蒙太奇还原的场景模型图片、地图和针对建设方案有规模的场地示地图。这个过程为最终的效果图增加多个层面的信息。

场地草图

乔纳森·马特扎菲·哈勒（Jonathan Motzafi-Haller）为 The Tempest 设计了露天剧院。图中的隔音屏障最初的草图是用钢笔画在照片中的。这是一种在这样条件下展示初期想法的有效方式。

学生经验

这一部分详细记录了一组建筑专业的学生进行为期 12 周的方案设计以及学习怎样分析场地的过程。他们要在结合当地及其整体环境的背景下，来定义这个地理位置的特点，并给出露天剧院方案设计的提议。

场地

场地距离设计工作室很近，其目的是让学生们能够在那里多花些时间观察，经常去经历这种季节性和短暂性的改变。开始，同学们没有想出新的理念和设计提案，所以他们重点从环境中获取数据和资料。学生们被要求用主观的方式，比如说为了获取地点的范围大小而进行测量，或者在一天中特定的时候画出当时的氛围。这提高了他们对场地本身实际情况的了解，以及它区别于其他同类的抽象特征。

背景

学生被鼓励去分享信息和交流场地的说明。他们以小组的形式收集和解释场地数据，并在回顾的时候生动地进行交流。他们使用灯和分贝计调查地域、树木以及周围的建筑，并且画出草图来说明公园能进行的活动。对于当地的气候、生态、地理、文化和历史他们也进行了调查。学生们将这些信息更好地理解并应用到自己的设计之中。比如一个想用树木作为设计元素的学生，会将他所学的关于树木种类、季节变换和光照联系起来，从而考虑树冠和他们的建筑光感如何随着冬夏交替而变化。

场地规划

最初的理念 / 场地、背景和地理位置 / 客户、用户和纲要

地理位置

同学们开始为设计做出初期规划，这些规则处在两种不同的角度。学生站在本土的角度上，用细致的观察方法可以发现观看日落的最佳地理位置。其二，学生从整体环境背景的角度，用统一的方法可以把从家到剧院的过程看作是一场旅行。这能让他更好的理解对特定的地点如何进行更细节化的改变。同时也能通过在更大的范围寻找改变的可能，让学生更有信心。

U Leong To 设计师制作草图来记录地点的活动：

绘制场地的草图是我设计的开始。有时候草图体现的是我在该地理位置看到的景象，有时候会表达我身在其中的感觉。这些草图阐明我的意图还有我正思考的事物——它们改变着我对该处的看法（我将其看作微妙的问题），使之在纸上成为永恒的印记。这次设计的挑战在于设计的这个剧院既要与戏剧相关，又要与其所在场地的背景相呼应。你必须成为认真研究每个事物的观察者，从地上的蚂蚁、该地区的氛围、当地人的行为方式、树木的分布到更大的范围景象，比如该地区地形、人口流动甚至是场地的几何平面图。

鲁道夫·阿塞维多·罗德里格斯根据场地的潜能提出建筑学的基本观点。

这个场景发生的地点是舞台，演员和每天常见的事物可以以一种特殊的方式让彼此之间存在潜在的联系。运用这些联系，我们能创建脚本，把各种元素联系起来。一个建筑极有可能变成一个地标，就如同树叶在地上枯萎，一直存在但也是一直在改变。但一个设计或许有些不同，它被看作对未来存在事物的表达，但是在纸上它是一个印痕，证明这里以前有过自然规律的迹象。

测绘练习

    建筑师对于一个场地的描述需要更加有分析性和有强调语气的方法，以至于当地的居民每天自然地体会这些品质。为了更好的展示拜访过的场地，建筑师要提前计划：需要什么类型的信息？需要回答什么问题？

    建筑师对生动的语言和绘图技术是相当感兴趣的，并希望通过它们来理解和展示已搜集的相关数据。地图展示的是特殊类型的数据，例如通常在平面图中标出高度、地标或者在同区域中相互关联的道路类型。为了使地图容易辨认，通常会排除认为与其不相干的数据。建筑师对于与方案相关的复杂真实的方面必须做出相似的裁决，把这些信息绘制出来，能够让建筑师找到方案的重要元素，加深对其所处地理位置的理解，并找到这两者之间的联系。

    参观场地。在目的场地的附近区域，记录地理位置和概貌。

1. 在参观场地的时候偶然发生的事件。
2. 与方案作用相关的基础设施或其他迹象形成的过程。
3. 在该场地附近经常发生的事件。

    把场地规划图钉在墙上，并通过使用针、绳、线、自然工艺品和被观察元素的图样代表，标出被观察建筑的地理位置。接着拍下这已存在场景的所绘图形。花费五分钟的时间来考虑这些图章的用途，以及被观察元素之间的内部联系。

    做出一个改变，例如：

1. 倘若重大事件每个月都发生该怎么办？
2. 倘若基础设施被移除该怎么办？
3. 倘若方案中元素的地理位置发生改变该怎么办？

    重新整理绘图来展示提议，这就是通过其他元素来回应改变的方式。

在这个阶段中的典型活动

概念草图和模型

最初图样和模型

检验想法

调查

理解规模

纲要发展

拓展可能性

寻找灵感

概念发展

意外惊喜

反馈

处理复杂问题

设定优先权

合作

在最初的理念中,给予创新理念一定的发展空间是非常重要的。通过早期的草图和模型可以发现优先的解决方案。建筑师头脑中的理念需要与实际建成的作品紧密相连。早期的概念或许是综合的,但必定也是不全面的,因为草图和模型的规模较小,而且具有一定程度的随意性和模糊性,很多细节需要完善和修正,对于那些与理念无关的或相悖的想法尽管其与理念有关联,但仍需要进行修正。

有些理念是不需要的,而有些则是有重大意义、不可或缺的,对于任务中需要解决的复杂问题,重要的理念是必需的。模糊地表达使得想法和实际建筑作品之间的差异更容易被客户理解。建筑师的理性思考,在媒介的限制下表达情感时受到媒介工具的限制,使他们不得不在做出最终决定之前仔细考虑可能产生的结果。有时候这种随意性使得一种理念会在偶然中惊喜地出现:一个小规模的组织图或许会激发建筑师在选择建筑材料时的灵感。而草图本身能够演变出解决方案来应对在草图绘制之前所无法预知的问题。但是,很多设计存在相互矛盾的需求,通过这需要根据理念的别出心裁和设定优先权得到最终统一。最初的理念即试验品:它对设计各构成部分的作用以及客户、建筑师和第三方的反应进行测试。

建筑师一定要具备设计细节各个方面的知识,包括从客户的商业活动到该场地的地下水位等。随后会有一个项目回顾,建筑师将与客户会面,与使用者举行讨论会,并和股东及政府部门,比如策划者进行谈判。在其含义和目的未明确之前,建筑师不必急于给设计定性。这种向自己、向他人解释方案的行为让方案的理念变成了一个故事。这种叙述意味着在设计实行过程中便展示设计结果,同时也为这座建筑的使用者的居住体验提前下了定义。

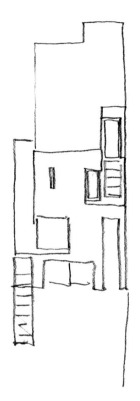 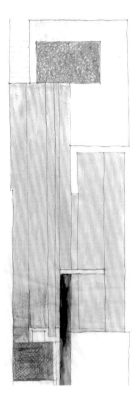

项目名称:Hudson住宅
地理位置:纳文,爱尔兰
建筑方:O'Donnell +Toumey
建筑事务所
完成时间:1998年

右图:倾斜正立面的铅笔草图
方案展示了建筑物的体积。
最右图:地面材质的彩色铅笔
草图。

O'Donnell +Toumey建筑事务所

O'Donnell +Toumey 建筑事务所位于爱尔兰的都柏林。
他们在爱尔兰、英国和荷兰主要进行城市设计、教育类和文化
类建筑、商销和房屋设计活动。在威尼斯建筑双年展上,他
们是爱尔兰的代表。希拉·奥唐奈(Sheila O'Donnell)和
约翰·图奥米都在都柏林大学教课,也会在国际上进行演讲。
他们作品的特点主要包括:与场地的形式相呼应;用感官方式
对地理位置进行表达以及通过运用材料对建筑外表进行强调。
建筑外形的模糊性——可能是未完成也可能是被损毁——充分
展示了当前的状况,也暗示了将来的情景。这体现了建筑设计
本身的过程,在这个过程中,想法是不断变化和不断发展,直
到建筑师将最初的理念之转化为现实的建筑作品,这种变化才
得到暂时地停止。

发展和细节 / **最初的理念** / 场地、背景和地理位置

项目名称：基利尼住宅，"沉睡
的巨人"
地理位置：基利尼，都柏林郡，
爱尔兰
建筑方：O'Donnell +
Toumey建筑事务所
完成时间：2007年

希拉·奥唐奈绘制的场地水粉
草图。

对来自 O'Donnell +Toumey 建筑事务所的约翰·图奥
米的采访。

当你第一次看完场地之后有什么改变吗？

当看完场地回来，多多少少会在脑子里提前构想那个你将
设计中的建筑所扮演的"角色"。按照常例我们可能会说："这
里应该是个花园，或者应该是个哨岗或者在这里应该有一个地
下室。"有时我们的最初设想甚至会抛开技术或规模因素。事
实上，我并不认为我们的最初设想是有关建筑用材的。我想说，
它更多地与地理位置有关，就像是与这个场地相适应的有说服
力的理念。

所以你会给你的设计命名？

给建筑命名对我们非常有用，就如同一些图表、方案框架、
传统的封装主题在建筑中所起的作用一样。通常，我们不会坐
下思考："这件作品的名字叫什么"，它往往是我们从谈话过程
中不经意间捕获到的。所以，有时候我们可能会发现一些我们

不曾想到的东西，我认为奥唐奈和我一样，都对这个想法很感兴趣。

实际上，我们都是喜欢依据事实分析的人，但是我们也会使用像记忆、类推、直觉之类的方法：这些想法不可能都是客观合理的。你往往期待着在主观解释和实际情况之间能产生一些共鸣。为了满足这一期待，你不仅要去感受它，而且也要去感受它对于自身的反馈，这会变得富有成效："如果我们这样看待它，它将能够引导我们朝着正确的方向前进，并且这将是一个有效的途径。

你怎么将与委托方谈话的主题引导到这个方面？

我经常发现，当我们陈述最初理念的时候，放在桌子上的作品只是与委托方协商的基础资料。你需要一直尝试着向所有的参与者说明这个设计的可能性，满足了委托方表达愿望和设计要求的项目纲要。所以，如果我们建议委托人将这个设计命名为"沉睡的巨人"但却没有得到赞同的回答时，那么就说明这个建议是不可行的。

发展和细节 / **最初的理念** / 场地、背景和地理位置

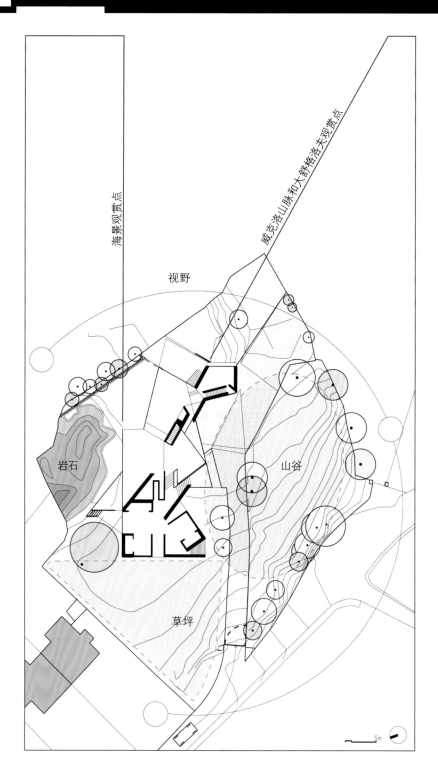

海景观赏点

威克洛山脉和大舒格洛夫观赏点

视野

岩石

山谷

草坪

5m

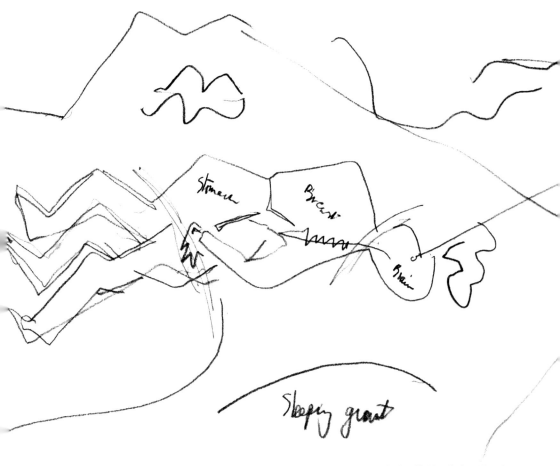

Stomach

Breast

Brain

Sleeping giant

Sean O'Casey 社区中心是如何运作的？

　　在他们自己的社区中特别积极的人——表演戏剧的人、运动的人、教授艺术的人，以及一些有政治思想的人。他们对"一个社区中心应该是怎样的"有自己的构想。我们必须去会见这些人，并且告诉他们我们对设计这个社区中心的想法，以便从他们那里获得设计的灵感。不知道为什么，他们关于建这个社区中心的一些想法都是回归自然的，建筑都是地上单层的形式，周围被清新、令人愉悦的花园围绕。人们可以很快地开始联想到这样的景象，并认同这个想法。在 East Wall 那里有 1800 栋房屋，它们全部是两层建筑，并且都拥有花园。我们经常会说，"为什么房子里不能有属于自己的花园呢？"

项目名称：基利尼住宅，"沉睡的巨人"
地理位置：基利尼，都柏林郡，爱尔兰
建筑方：O'Donnell+Toumey建筑事务所
完成时间：2007年

上图：
概念草图展示了形似躺卧的人体的岩石地形以及房子周围的景象。

左图：
场地规划图展示了建筑与风景之间的关系。

项目工程: Sean O'Casey社区中心
地理位置: 都柏林, 爱尔兰
建筑方: O'Donnell+Toumey建筑事务所
完成时间: 2008年

右上图:
场地缩略图展示了周围的建筑群以及两个地标——教堂和社区中心之间的联系。

右下图:
草图展示了社区功能区(游戏/活动场地)、建筑使用者(青年人/老年人)和社区路线(街道/花园)之间的联系。

我们来的时候只带了一个白卡纸模型, 这四个立方体分别表示为一个体育馆、一个剧院、一个植物园以及一个行政大楼。它们是四个立方体, 有空隙的地方都被绿色覆盖; 这些绿色就是四个一样大的花园。也可以理解为当我们把四个立方体拿走, 之后, 花园就形成了。现在, 说说这个模型的尺寸, 你可以把它放到你的手里, 它和你手掌大小相当。此时的模型没有关于规模、窗口、建筑物、外观的任何相关数据。

我们把这个简单的模型放到桌子上时, 我便肯定每个与会者离开时都已经确切地知道他们从里面看到了什么, 想到了什么。甚至没有人会问"它建成后会是什么样子?"也没有一个人会问关于社区建成以后的任何问题。他们都只想要知道, "你们的灵感从哪里来的, 它住起来会是什么感觉?"

你是如何在设计中得到楼塔的灵感的?

委托人对建筑的要求是"我们想要一个大的建筑物"。我们通过其他途径了解到大家对于楼塔的看法, 便对他们说: "好吧, 我们很大程度上理解了你的想法, 你想让这个建筑是低层的。如果将其作为最主要的原则, 那么它应该会是一个单层建筑。"对我们来说, 处理建筑之空隙的突破性想法是: 我们会建造花园, 并且用建筑物替代消失的区域, 而且其中有一栋建筑会很高, 就像是一个竖起来的小拇指。我们将把他们的会议室、工作室放在最高的六层, 这样他们就可以看到外面的风景并且认为自己置身于一个非常高大的建筑内, 但是, 实际上从这个建筑内部看到的风景仅仅是从单独的房间所看到的风景。

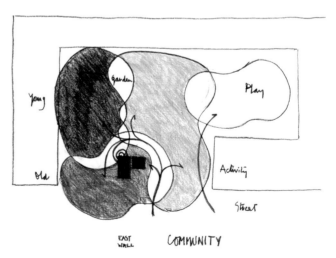

St mary's Road

Church Road

Young

Garden

Play

Old

Activity

Street

EAST
WALL

COMMUNITY

发展和细节 ／ 最初的理念 ／ 场地、背景和地理位置

在你的书《Architecture，Craft and Culture》中，你谈论到建筑过程是个缓慢的过程。

我们的构思过程并不慢。当然，我们的行动也慢。虽然工作进展较快，但有时候也会什么都不做而等待灵感的到来。往往有那么一瞬间你是很明晰的，你觉得你已经抓住了灵感：你会给它命名，或者把它画下来，或者把它图解出来，或者找一个能将它记下来的方法又或者直接将它记在脑子里。你可能慢慢地才能完善这个最初的想法，但你明白自己抓住了这个灵感。随后绘出令人满意的设计草图，并按照自己的想法深入细节部分，"好的，对我来说不需要再改动什么了。现在只需要我按照既定的方向把它实现。"

项目名称：Sean O'Casey社区.

中心

地理位置：都柏林，爱尔兰

建筑方：O'Donnell+Toumey建筑事务所

完成时间：2008年

右上图：

楼塔和圣玛丽（St Mary）路上的墙。

右下图：

用手掌大小的缩略图模型展示出立方体之间的关系，并用它表现庭院建筑之间。

在建造科克的 Glucksman 画廊的时候，你说过你不得不在只有任务大纲的情况下，很快地完成工作。

委托方知道他们想要的就是集艺术和文学气息为一体的建筑物，但并不真正清楚，这个建筑物到底包含些什么。所以，我们在建筑的选址方面，是要与合作者好好商议的，包括项目的规模和建筑的尺度。之后我们便进入设计环节。由于设计思想的确定，使得我们很快地进入到这一环节。这个理念是这样进行发展的：为他们建造文化类建筑物，为我们提供展示高雅艺术的空间，从而提高我们的艺术修养。

我很确定做到这些只是需要对场地本身进行考察研究。我认为，在这个场地中我们只是稍加设计，它就会有了很大的飞跃，这是一件非常有趣的事。所以我们说："我们只能把房子建在这样一个地方，因为这里除了柏油碎石路面就是草坪，不会打扰任何其他动物，而且还可以在树林的上空俯视周围的一切。之后我们就思考用什么方法测量这片树林里空地的面积来实现这些构想。后来我们认为，也许这个建筑物在树林之间

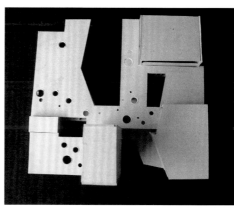

项目名称: Sean O'Casey社
区中心
地理位置: 都柏林, 爱尔兰
建筑方: O'Donnell+Toumey
建筑事务所
完成时间: 2008年

入口门厅和庭院花园的实景图。

本来就是可以存在的，就像它能根据树林中的空间自由变换形体一样。这个想法来自于看到水从上游流到下游又回到校园的过程。就像通过一个建筑的转动看到它所在的城市，再继续转动，视觉效果也随之发展。

在天马行空的想法或创意遐想与建筑师需要迅速做出决定之间有没有联系?

截止日期很重要! 你会等到最后想法成为有可行性的理念的那一刻，因为你会担心：如果我明天开始做的话，是不是会有更好的创意。每当你做一些事的时候，你就抹杀了其他的可能性。有时候，最好就是让想法慢慢积累，但现在我知道那是非常困难的，也是非常不切实际的。也许由于经验而产生的惯性，你会很快地构想出设计方案。但是，我现在却喜欢抛开之前的经验和惯性，从设计对象本身重新构思，一步步地看着设计的发展，我很享受这种过程。

项目名称: 大学校园里的Glucksman画廊
地理位置: 科克，爱尔兰
建筑方: O'Donnell+Toumey建筑事务所
完成时间: 2004年

从画廊向下看到的河流。画廊在树林之中居高临下，而且看起来像是和下面的路连在了一起。这个想法是由谢默思·希尼（Seamus Heaney）一首诗中的图画所激发的灵感，这首诗是关于太空船挂在了一个被改造的栏杆上的故事。

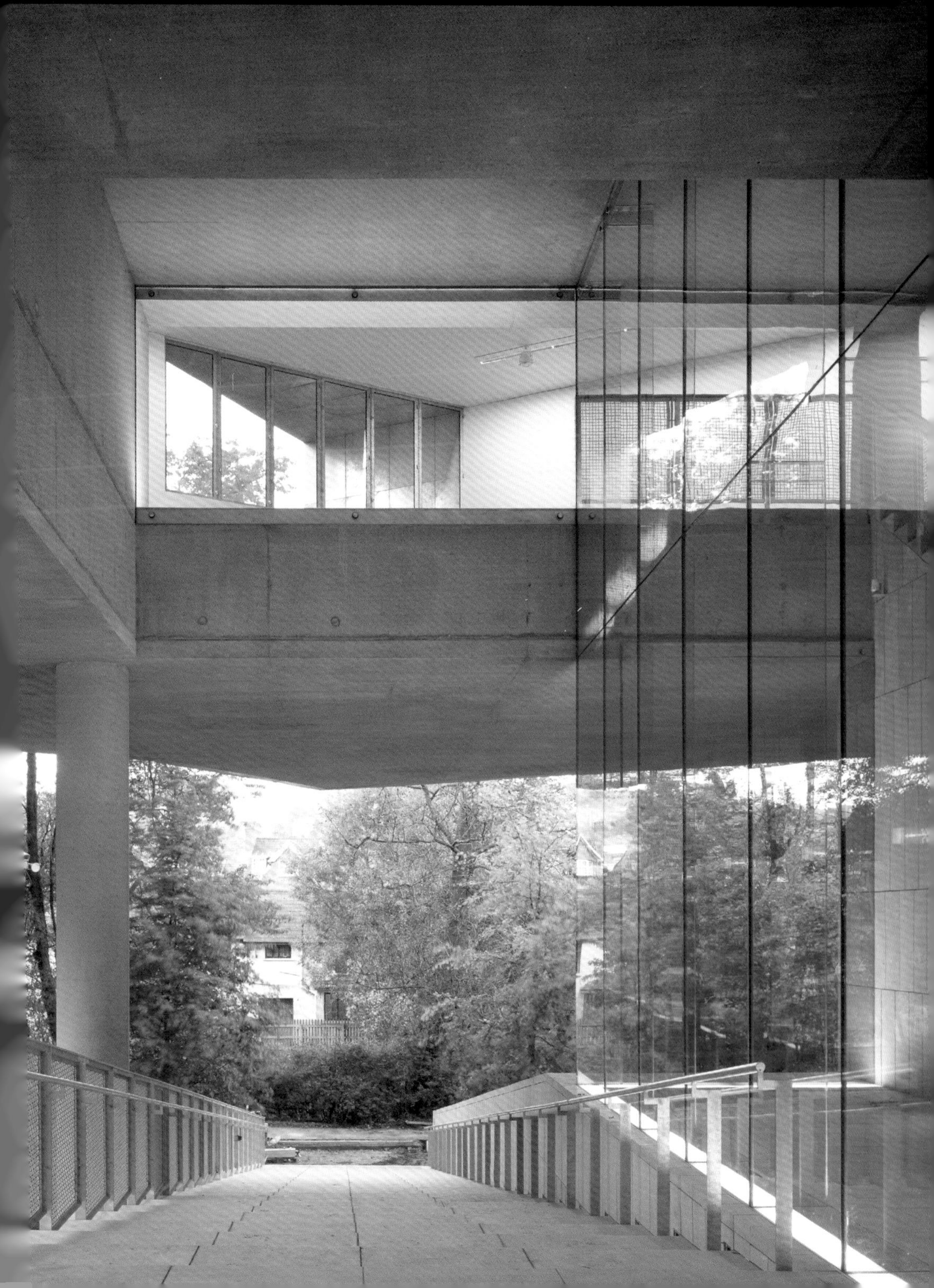

项目名称：大学校园里的Gluck-sman画廊
地理位置：科克，爱尔兰
建筑方：O'Donnell+Toumey建筑事务所
完成时间：2004年

右上图：
这幅概念草图展示了山脊、画廊以及河流之间的关系。

对页图：
在河岸边看到的风景。

你怎样记录这些有创意的想法，又是从什么时候开始记录呢？

通过用铅笔在纸上不断地勾勒。有的时候甚至不用笔和纸就可以把图绘出来，那就是用一种感觉，一种可以把图在脑海里勾勒出来的感觉，一种只用手指比划就能把想法勾勒出来的感觉。但是，无论是在脑海中勾勒还是徒手绘出来，都是一种绘图的方式，更广泛地说，制作模型也都可以算是绘图方式的一种。当你不仅仅要会画一些在你脑海中早就存在的想法和创意的时候，你也会乐于从那些已经成形的图像信息中寻找新的灵感。这种探究形式的过程是一种交流的过程，也是一种令人神奇的过程，因为图像会反过来跟你"说话"，给你创意的灵感。这门手艺需要建筑师花费很长的时间去掌握它。

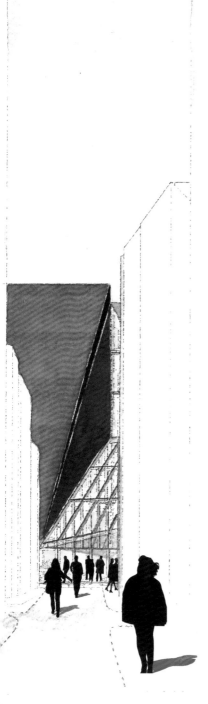

在某些时候，你不得不把你的思维从冲突或者持续的需求中解脱出来。这时候，你可以问问自己要做什么，要把它做成什么样子。这样一来你会在某种程度上忘记上述难题。就像在语言这门艺术中一样，语言的流畅程度是低于意识的流畅程度的。正因为你掌握了一门技能，所以你才能自如地运用它。

采访总结

O'Donnell +Toumey 建筑事务所的人认为建筑师对一个地方的设计直觉并不依赖于他们工作过的每一个场地所带来的灵感，而是发现场地周围诗意的一面。

语言和文学不仅仅是催生灵感的资源，也是非常实用的设计工具。在一个建筑理念的方向被确定或一种建筑形式形成之前，设计师运用语言来与同事或者客户进行沟通与交流。草图、模型，甚至是肢体语言都被当作交流中的灵活方式：快速绘制的、具有探索性的水彩绘图、手掌大小的草图模型开始出现，有些在白垩纸上绘制的草图可能经过了一个又一个人的手，并被不断地完善。建筑绘图是一种设计、探索的行为，而不是一种只是把做出的计划或结果记录下来的工具。

这种对不同想法的包容性，以及对这些想法有效性的测试，鼓舞着创意遐想和灵感的产生。值得肯定的是，它们可以让手头上一些复杂、实际的设计问题得到解决。这种反应和行为上的转换在最初的理念阶段是非常灵活的，就像约翰·图奥米说的那样："我经历过这个阶段，那时候我与包豪斯学校的建筑艺术家汉斯·阿尔普（Hans Arp）一起工作，他把这个过程称为'结石'。我觉得对于这个观念来说，这个词是一个非常令人满意的术语概念。"结石实际上就是很多东西堆积在一起组成一个物质，就像一种具体可治疗的病症，它会在人体中逐渐形

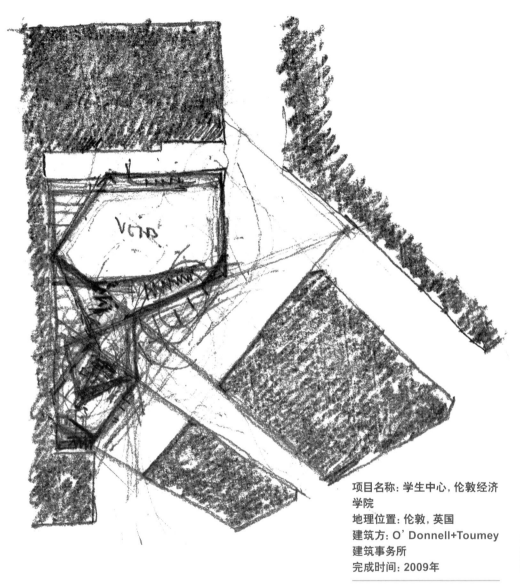

**项目名称: 学生中心, 伦敦经济
学院**
地理位置: 伦敦, 英国
**建筑方: O'Donnell+Toumey
建筑事务所**
完成时间: 2009年

成硬块。我认为, 其实在"结石"成形之前, 这些观念也会经
历同样的阶段。

如果一个建筑师是有足够深度和内涵的话, 比如文学内涵,
他们的工作就会很顺利, 他们丰富的理念也会被传达到每一个
住在他们设计的房层里的用户身上。

上图:
草图展示了道路、建筑的内外
的景观, 以及建筑物本身的实
体与实体之间的空隙。

左图:
用建筑水彩草图表现了紧密的
街景空间。

学生实践

在为期 12 周的设计工程中，学生们在前六周里都被要求建立一个露天剧院的设计纲要，并对场地进行分析。他们对这些最初产生的理念的反馈将被制作成一个设计草图。

最初的理念

在开始一个方案之前，绘制草图、了解场地、寻找一些能够为建筑理念提供依据基本的观点都是很有必要的。学生被要求去做一个小型莎士比亚戏剧剧院场景的模型，并且可以引入话剧中他们感兴趣的部分。这项任务综合了构成新型建筑理念的有效因素：设计纲要、场地和学生自己的感觉。通过寻找一种与方案的制约因素与可行因素相关的观念，学生可以把这些因素转变为有利条件，从而帮助他们从最初的多种设想中选择合适的一个。

如果不能积极应对可能发生的意想不到的情况，那么则很难产生一个有创意的想法，也不能预测这个方案的发展状况。一些学生喜欢研究多种可行有效的设计思路，而且也总结了很多富有创意的想法（但是却发现在截止日期快到的时候，因为时间紧迫等压力很难致力于一个理念）。但另一些学生则很不适应这个阶段，这促使他们去发掘一个令他们满意的优秀方案（但是为了把一个方案发展得更好，他们也需要拒绝一些后来出现的新想法，并致力于由最初的理念发展的方案）。

应当激励学生去记录和仔细思考他们的设计方案；因为对于学生的作品而言，每一个作为设计者的学生在开始都会尝试不同的设计方法，也会运用不同的设计工具，如图表、模型、影片等，以此来把他们最初的理念发展成为较成熟的设计方案。在中期评审的时候，学生要在阶段性成果中展示设计流程和成

右图：

模型

设计师 U Leong To 为《仲夏夜之梦 (A Midsummer Night´s Dream)》建立的露天歌剧院。这一早期的轮廓模型描述了一个有关在建筑内部旅行的想法。通过运用蒙太奇手法，这个模型被拼凑成一个概念性的设计图，对场景中的声音和气氛进行了表现。

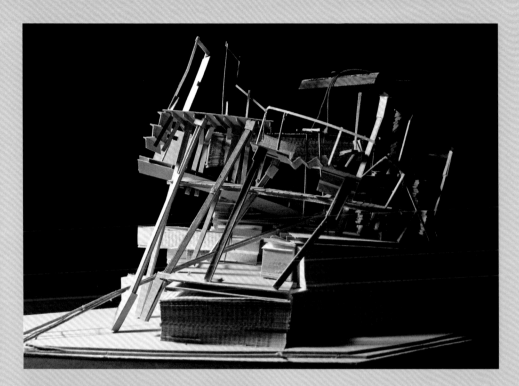

上图：
模型

罗密欧之家（House of Romeo）
设计师：鲁道夫·阿塞维多·罗
德里格斯
该模型由二手的书和唱片制成，
将戏剧作为设计理念基础。这
些书打开了质地、重量和材料
进行使用的思路；其中一些是
初期就想到的，而另一些是通
过搭建模型发现的。

发展和细节 ／ 最初的理念 ／ 场地、背景和地理位置

比例的草图。这对于学生来说是一个很重要的机会，他们能够在这个时候确定这个方案的可能性，还会通过不断的思考使之更加完善。

霍利·纽纳姆在其作品中的理念：

我希望去发掘一种控制力贯穿整个戏剧。戏剧中的人物性格是隐藏的，秘密和谎言是被揭发的，事实并不像表面看上去的那样。透过可以伴随整个表演过程而变化的场景和道具，我最初的理念发掘出了戏剧主题的客观现实：一个可以隐藏角色演员的旋转舞台、一个有不同高度和开口的木质结构体。但目前的设计方案都是静止的，我会努力去设计一个可以适用于户外环境的舞台场景。

拉尔夫·萨鲁在设计图表的运用方面说道：

使用设计图表是为了长远的计划，因此设立一个包含设计纲要的设计图表是非常必要的，但这会阻碍我们思路的开拓吗？对于后期的想法会与最初理念相悖的观点，我们会不会一贯地否定呢？答案是否定的。这种备忘录式的设计图表很可能会成为你进行创意设计的指示灯。如果没有这些设计图表，你会因为停留在想法探究阶段而无法进行下去，事实上，你的每个想法也仅仅只是追求新奇而已。

安娜·比尔描述了通过模化分析场地对形成建筑设计方案的影响：

探索一台织布机的潜力可能会涉及到其对材料的改变、张力、边界的宽度和节奏。虽然这台织布机的模型仅仅是用来做试验的，但我仍利其它的潜力开始将这个场地的特征赋予在这个模型上：边界 A 是一个常量，固定的节奏表明场地的范围界限；B 是一个变量，是关于我考虑它与场地的关系，这些任意点可能呈发散的树形排列。

旅行模型练习

在最初的理念确定以后，场地和设计纲要提供了大量的信息，建筑师必须花时间去思考优先进行哪一项。而这其中一项技术就是旅行模型，它激发出了对场地旅行特点的考虑，并且鼓励将这种经历的特质在这个场地和建筑本身上继续发展。这项技术可以用来做一个简明的内部空间草案，而且不需要考虑与外部形势呼应：在理解空间的次序和特征时，建筑外壳是不需要的考虑的。但你需要一些循环利用的建模材料或者一些从场地寻找来的材料来完成这个模型的制作。

1. **回忆（5分钟）**：从记忆中，回想到达场地入口的这段旅程。写下重要的路线特征路标、地形、材料、事件、声音等等。

2. **制作（15分钟）**：从旅行中你可以将你第一次看到场地中的那一点作为开始，做一个这段旅程的草图模型。这个模型应当包括路线中的重要特征（见1），用一种抽象的而不是按规定比例的形式来表现你的印象。

3. **记录（5分钟）**：给模型照相。

4. **回顾（5分钟）**：站立，举起模型并从不同角度进行观察，思考这些空间应当如何安排。

5. **修改（15分钟）**：设计师必须根据设计方案或建筑的旅行对模型进行修改。首先，决定旅程中的哪一个地方被设置为入口（是一个就近的入口还是集中复杂的入口都通往不同方向？）。其次，开始弯曲、扭转、打破或分开模型来展现不同的内部空间设置，以及各个空间的相互关系。

6. **记录（5分钟）**：为模型照相并标明注解，描述你所设计的空间的特点、功能和次序。

在这一阶段典型的活动

比例图绘制

和制作模型

设计判断

细节设计

实体

研究

决定

理念的实现

样本和原型

反馈

控制

解决复杂问题

合作

当设计中的尺度、功能、实体和提议概念用简略图解决之后，建筑师将开始做一些确定的关键性判断；这些判断会影响其他明显但并不关键的部分。一个建筑工程的复杂性在于，完成这项设计，需要我们确定一些想法来探究最终设计效果。在不破坏整个方案完整性的前提下，我们要知道这些都只是纸上判断，在必要的情况下能轻易被推翻。设计师往往经过回顾和审问，发现会有可以提高的余地来完善设计理念甚至是细节，这一过程形式和空间的设计是合理的。在一项工程中，如果一开始就使用确定的并在设计过程中没有经过修改的形式，往往不太可能会被它的设计者深入的质疑，这也降低了人们对这个方案的期望值。

　　把草图和模型成比例放大会带来很多不同的问题，从使用者的活动到结构的策划都是需要解决的事项。绘制草图将这些不同的设计事项一一联系在一起，因为解决任何设计难题是需要将这些事项一并考虑在内的。建筑师的设计草图中应该将顾问、专家和承包人（比如服务工程师和预定的水泥制造商）提供的信息体现出来，并能协调这些信息，为了使重要的设计判断与设计理念保持一致，建筑师需要与顾问进行合作。建筑师创建的建筑外壳和内部空间的建造方式必须尽可能地详尽以便于建造。尽管需要考虑到材料的实用性，但材料在设计中还是要尽可能像诗歌序列的形式和排列一样，有节奏地安排在一起，使设计的每一个细节都充分地体现出设计理念的精髓。

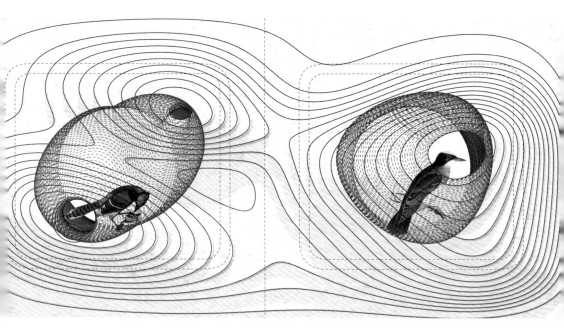

项目名称 :"Urban-est"鸟类和小动物的栖息地
地理位置 : 纽约
建筑方 : SnØhetta 建筑事务所
完成时间 : 2009 年

图中为单个模块的细节。这项工程将一个标准的石砖结构单体做成了鸟类和小动物的栖息地,人们可以到这里观赏小动物们的生活习性。它的外观体现了在城市中能与人类居住相融合的外观造型。

建造和投入使用 / **发展和细节** / 最初的理念

项目名称：Tubaloon 舞台
地理位置：孔斯贝格，挪威
建筑方：SnØhetta 建筑事务所
完成时间：2005 年

图中为一年一度的爵士音乐节
建造的一个临时充气舞台。

建造和投入使用 / **发展和细节** / 最初的理念

SnØhetta 建筑事务所

SnØhetta 建筑事务所是一个从事景观设计、室内设计、建筑设计的设计公司，主要的业务地点在挪威的奥斯陆和美国的纽约。该公司因设计国际的文化工程而闻名，他们的作品很多都是大规模的、复合的、重要的工程，而且这些作品无论规模大小，都将景观与建筑紧密结合，体现了建筑在社会层面的重要性。这个事务所的每一项工程的场地和环境都是独一无二的，这两个因素也是他们设计灵感的来源。SnØhetta 建筑事务所的负责人是克雷格·戴克斯（Craig Dykers）和谢蒂尔·索尔森（Kjetil Thorsen），两位建筑师都在奥斯陆、纽约和因斯布鲁克任教，也在全世界举办讲座。

SnØhetta 建筑事务所在人文、技术、空间方面的很多工程都堪称完美。他们要求设计能够迎合不同个人和组织的需求，如从政治家到杀虫师。2008 年完工的奥斯陆新歌剧院，是奥斯陆海滨城市改造项目的一部分。这座新歌剧院拥有来自 50 多种职业的约 600 名职工，从它的设计、投资到建造共用了 10 年之久，耗资 750000000 美元，建筑面积达 38500 平方米（415000 平方英尺）。

Tubaloon 是一个为挪威孔斯贝格爵士音乐节建造的充气式临时舞台。设计师用轻质的高强钢和气动铀混合搭建了一个纺织机型结构，这些为年度音乐会准备的舞台建造材料储存很方便，而且在几天内就可以安装完成。

国家 9·11 纪念博物馆（The National September II Memorial Museum Pavilion）是一个坐落在纽约前世贸中心的文化机构。在这样敏感的地理位置上，这个项目设计由于受到政治压力和公众情绪的影响，经历了多次的调整和修改。在目前，这座建筑的功能被定为连接位于地上的纪念碑和地下展览空间的入口。

对 SnØhetta 建筑事务所克雷格·戴克斯和谢蒂尔·索尔森的访谈你们有很多不同规模建筑的设计经验，也曾说过一个五口之家与一座城市一样复杂。如果把这两种不同规模的设计联系在一起并进行总结，你们以为在会为设计带来哪些有利因素？

谢蒂尔·索尔森

你逐渐地将各种元素联系并组织在一起，它们自身就会彼此交融了。

克雷格·戴克斯

根据现存环境想象出设计成品是很困难的。因为当我们完成所有环节后才能完全看到它的整体；所以我们要在这两种规模之间反复思考，这样做会让我们的思路在现存的建筑环境和想象中的设计成品中更加开阔。从这个层面的意义来看，我想实际规模这样的东西。

谢蒂尔·索尔森

但是规模是一个很难的问题，因为它是由距主体物的远近所决定的，也就是说规模是可以变化的，这个变化取决于你站在哪里观察整体。如果你在飞机上观察一座城市，它看起来会和客厅一样大。所以人们通常会将一个事物的规模描述成他所看到的体量等级，这与人们自己观察位置的远近是相关的。你也可以说规模是不断变化的，这取决于你观察时的地理位置。

比较 Tubaloon 舞台和新国家歌剧院这两项工程，它们有着相似的目标却有着不同的规模。你们会认为其中一项工程会比另一项更复杂吗？

谢蒂尔·索尔森

工程复杂程度的不同是通过简化这项任务的方法来定义的。我们不应该去寻找工程中固有的复杂之处在哪，而应该去尝试用最简单的方式解决这些复杂问题。从这个意义上来讲，规模的大小没有什么不同。也许大规模的工程会提供更多尝试的机会，但是，经济与工程规模的大小息息相关。这种经验要求我们尽可能多地掌控设计过程，因为在整个过程中，始终坚持一个设计思路是很难的。而 Tubaloon 舞台仅用了几个月的时间就完工了，所以在设计的过程中，思路是不容改变的。

项目名称：挪威国家歌剧院和芭蕾舞剧院
地理位置：奥斯陆，挪威
建筑方：SnØhetta 建筑事务所
完成时间：2008 年

上图：
主剧院的舞台幕布是由艺术家佩·怀特（Pae White）设计的，这是一个平坦的、拥有三维立体效果的编织纺织品。

右图：
剧院平面图和纵向的剖面图。

在国家歌剧院这样的工程中，你认为保持概念明确性最好的方法是什么？

谢蒂尔·索尔森

　　通过一个我们发明的新词：最简单的复杂。我们会建立一系列让每个人遵守，来保持概念想法的一致。我们有一个共同的意向，那就是在单个细节的材料使用上不得超过三种。如果你使用了一种材料，就最大程度地利用它，尽量减少对其他材料的使用。设计中出现的问题可能会很复杂，但我们解决的方法却是最简单的。

克雷格·戴克斯

　　如果工程中有些部分需要加强，那么就需要通过这样或那样的方式抑制工程中另一部分的进展，来让被强调的部分继续深入发展。如果你在工程初期对想法思考得不够深入，就会使整个计划因为没有对不同材料和选择的正确指引而失败，让工程也没有办法继续推进。

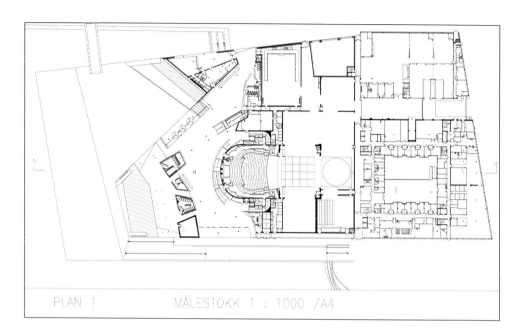

PLAN 1   VÅLESTOKK 1 : 1000 /A4

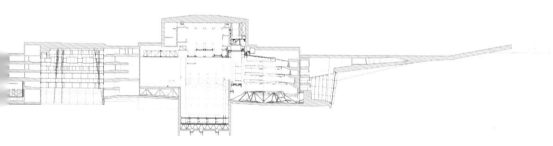

谢蒂尔·索尔森

　　而且不要试着把你所有的想法应用在每一个工程中，而是要把自己的关注点放在设计长远的发展上更为重要，因为在工程设计中，想法越成熟，启动后设计过程中出现的问题就会越容易被解决。

你们跨学科的方法会帮助你们在设计的进程中保持思路明确吗?

克雷格·戴克斯

事实上,不同的学科并不一定互相影响,除非你不知道这个学科属于哪种文化和学术路线。

谢蒂尔·索尔森

我认为从开始的时间来说,设计比那些学科要早得多。它从分析场地情况、地理位置和环境开始,然后根据开始时的分析进行大量讨论,但并不会画很多的设计图。如果我们画设计图了,那一定是想去解释一些空间布置,通过这些空间布置简图,我们能够更主观地看到我们的分析过程。经过了大量的讨论之后,才会开始画草图。这就是为什么我们不会说是我们设计了工程,因为这些想法都是在没有议程的会议中很快发展深入的。

克雷格·戴克斯

一个创新的过程有时需要考虑到它会有一个与众不同的或者令人惊奇的方向。如果你没有任何想法,那你会被认为是个愚蠢的人。虽然每一个想法都应该被看作是重要的参考,但你需要审视这些想法来决定它们是否是有效可行的。

谢蒂尔·索尔森

设计师的多个想法就像一个漏斗形状一样,开始的时候范围很广泛,但当你继续组织并审视他们时,它的范围会变得越来越小。

克雷格·戴克斯

你会很容易依赖你自身的价值观或者文化的观念,但当你置身于一群和你有着不同背景、不同学术、不同文化的人群中时,这种观念的差别会帮助你审视你的方向是否恰当。

项目名称:挪威国家歌剧院和芭蕾舞剧院
地理位置:奥斯陆,挪威
建筑方:SnØhetta 建筑事务所
完成日期:2008 年

右上图:
这座建筑在建造时就是对公众开放的,图中展示了该建筑的屋顶是一个公共的供人们休闲的广场。

右下图:
歌剧院设计方案的概念图,如图所示,建筑沿着河岸线被一个木制屏幕(波形墙)被分为后台(工作室)和公共空间(屋顶下面的空间)。

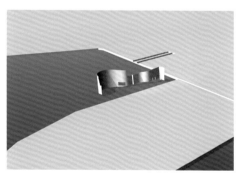

波形墙

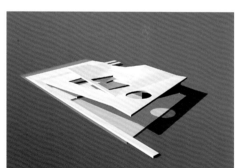

屋顶

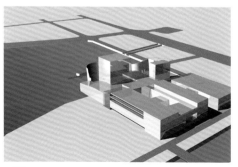

工作间

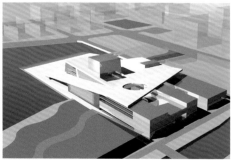

组成这座建筑的三个部分

建造和投入使用 — **发展和细节** — 最初的理念

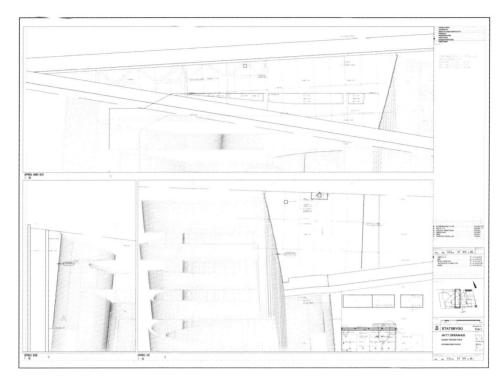

项目名称：挪威国家歌剧院和
芭蕾舞剧院
地理位置：奥斯陆，挪威
建筑师：SnØhetta 建筑事务所
完成时间：2008 年

上图：
在公共空间和剧院空间之间木
制波形墙的细节图。这幅细节
图用来与承包商交流波形墙和
其他部分所用材料的布置情况。

右图：
在公共空间和剧院空间之间的
木制波形墙。

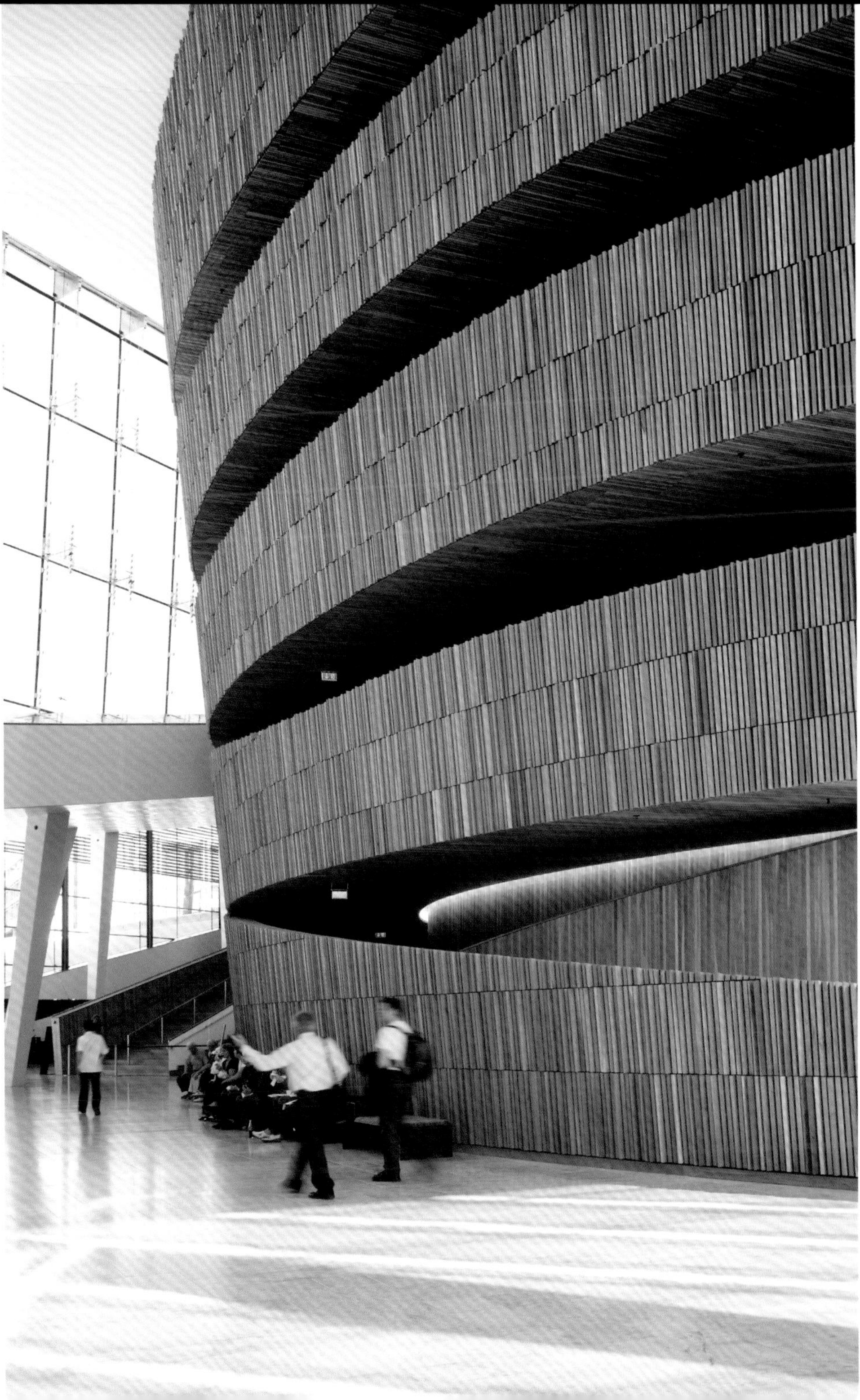

项目名称：阿卜杜勒 - 阿齐兹
王国知识和文化中心
地理位置：宰赫兰，沙特阿拉伯
建筑方：SnØhetta 建筑事务所
完成时间：正在建造

上图：
用管状钢绕着鹅卵石组成的
早期建筑概念模型

右图：
部分管状钢和玻璃组成的 1:1
实物模型；这个模型用于检验
建筑重要组成部分的设计、制
造和性能。

您曾说建筑师设计方案的目标人群并不是凭空想象出来的元素。

克雷格·戴克斯

　　在设计中，人通常会排除在外，至少是作为一个有生命生物的人。他们通常被列入功能分析需要考虑的因素中去。

一些职业的建筑师在进行一些细节处理，如制作门窗进度表时其关于设计的整体思路会被打断。你们如何防止这类问题发生呢？

谢蒂尔·索尔森

　　例如比例模型和实物模型，试想在它们之中有你要通过的地方或者要触摸到的地方。做这些你能接触到的并且能触动你的模型，你会情不自禁地思考人在这样的环境中所拥有的感受。如果你只是考虑形式而抛弃实际，那你会很快就会迷失方向。

克雷格·戴克斯

　　而且，讨论的方法不应该随着工程的继续进行而丢掉，我们经常对这些有联系的事项再次展开讨论，并对其形成新的理解。有一些讨论到设计进程末期才会进行，比如"我从前没有意识到这一点，虽然与我们一开始所做的相反，但对于一般人群来讲确实会产生作用"，于是你会根据这个想法调整你的思路。

谢蒂尔·索尔森

　　我们讨论的是你在这个建筑或空间中如何坐、如何躺。当你在空间中行走时，这里的白天和黑夜会是什么样子。

工作中的哪个环节会促使你对想法进行重新思考呢？

谢蒂尔·索尔森

　　当我意识到有错误的时候！

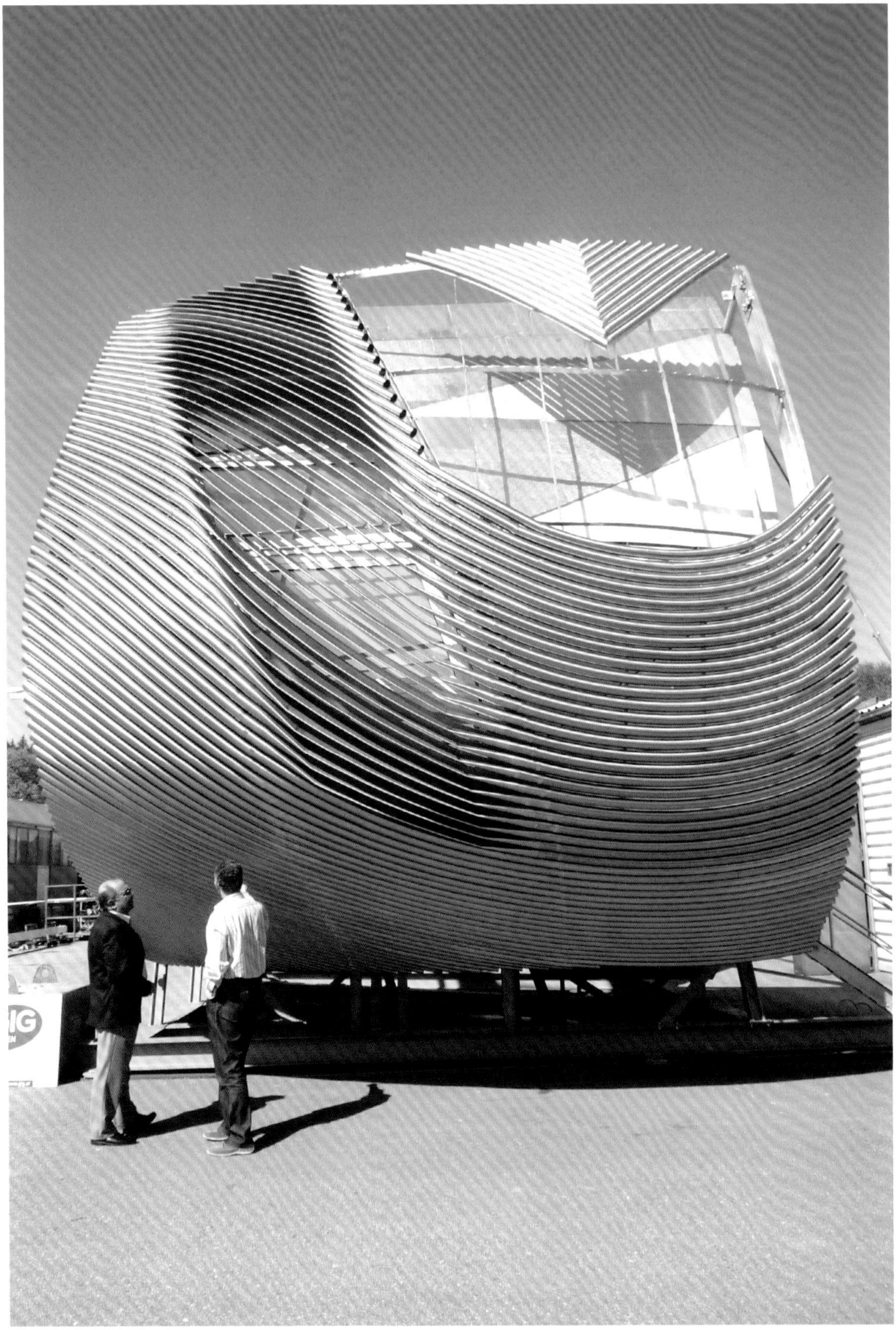

克雷格 · 戴克斯

对于我来说，任何一个我需要用三维立体的视角观察的事物都可能会让我重新思考其合理性。我们很少将建筑放在二维或一维这样具有抽象性的空间中讨论。我认为只有当你看到这座建筑或者在其中行走的时候，才能够明白它内部最真实的样子。

谢蒂尔 · 索尔森

如果你只有一个概念，你会很容易将它深入细化并发展；如果你只有某些细节部分和材料，你也很容易从这些地方展开设计思路；如果你将这两项同时开始并同时结束，在中期某个关键点处将它们合并，你就有可能在整个过程中更好地掌握它们，而不是从一端抓起并认为它能贯穿整个过程。建筑需要的是一个真实的自我体现的过程，也就是说，在我们的术语理解中，我们需要重新发现建筑自我体现过程中的问题。

克雷格 · 戴克斯

总的来说，建筑师的设计和建造过程应该是开放的，能够包含更多不同领域的意见，并考虑到不同的观点。我们要尽可能多地去做一些尝试：邀请作家、编剧或者艺术家来参与讨论，吸取更多的意见，从而考虑是否需要改变某些想法，尤其是在一些公共的艺术和文化建筑工程中。

我可以问问有关国家 9 · 11 纪念博物馆工程的问题吗？这项工程应该会面临设计方案需要适应不同人、不同观点和来自各方压力的问题吧。

克雷格 · 戴克斯

在亚历山大图书馆委员会的工程结束之后，我们开始了这项工程。虽然有很多方法，但是这两个项目的出发点是相似的。这是一个关于"失去"主题的设计项目，这个主题展现出既是历史的损失，也是珍贵的物质文化的损失。这个博物馆是一个

全世界多个国家的人民在一起工作的国际机构。在这个历史性
的建筑物遭受悲剧性的伤害之后，它也成为了一个具有特殊意
义的社会团体。

谢蒂尔·索尔森

对于这项工程，我们在开始的时候很注重细节的设计：通
过与很多不同的人进行协商和讨论，来发展设计进程。这对于
建筑师来说是一种良好的习惯。

克雷格·戴克斯

我认为我们惟一可以做的就是在建筑技术和协调人际关系技
巧之间尽力维持平衡。虽然委托方可以表达他们的观点，但并不
代表我们就没有自己坚持的主见，至少我们可以创造出系统并有
建设性的方式去让设计继续发展。

谢蒂尔·索尔森

在遇到文化分歧大的问题上，我们就会去找其中有共性的
地方而不是存在差异的地方；这样会让工作更顺利地进行下去，
并且不会降低手边这些事项的价值。

克雷格·戴克斯

我们在办公时，通常也会用维持不同要素之间平衡的方式
来工作。在项目规模较小的时候，我们会找到不同事项之中的
共性；有时坐在你对面或旁边的同事都有可能和你持有相反的
意见，这就需要你试着与大家一起解决这些有差异的问题。

**在你们进行设计工作遇到难题的时候，是用什么方法解
决呢？**

谢蒂尔·索尔森

拥有一个极好的想法，却害怕在对其进行加工创作的时候
毁了它，这在设计过程中是最难逾越的鸿沟。此时你可以挑选
出合适的工具，如手绘草图、效果图、电脑、模型、数码模型、
手工模型、音乐、读物、舞蹈、表演，只要是你能找到或拥有的，

项目名称：国家 9·11 纪念博物馆
地理位置：纽约，美国
建筑方：SnØhetta 建筑事务所
完成时间：建造中

上图：
这座博物馆是建在"世贸大厦遗址(Ground Zero)"场地上的，会被很多大型建筑包围。这幅草图传达了设计师的意图，即这座展览馆时刻被大家关注。它不仅仅被公众和政府关注，也被周围建筑的设计者和他们的客户所关注。

右图：
电脑制作的方案效果图。

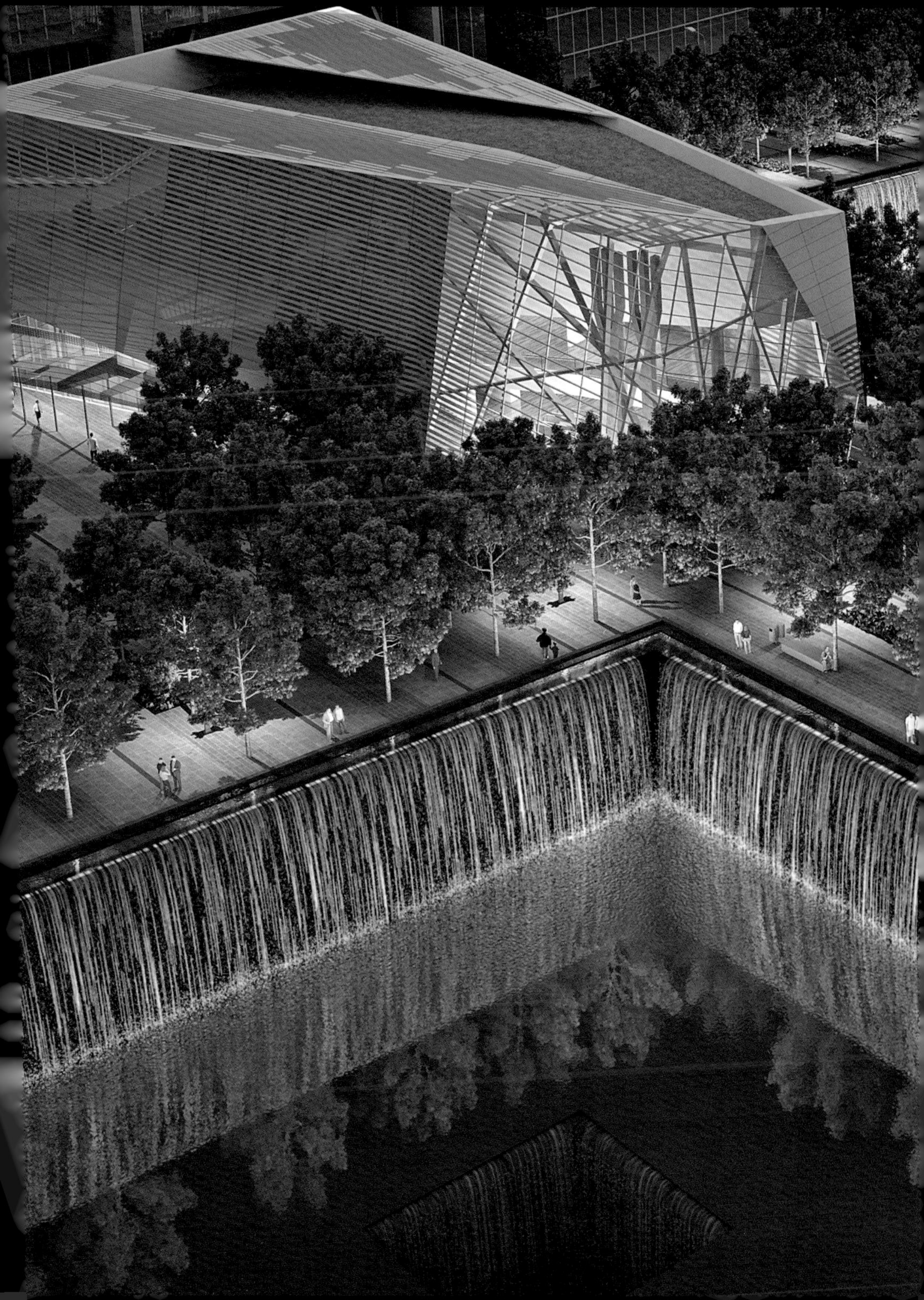

都能为你所用。我认为要想掌握这些工具，就要找它们之间的联系，在脑海里孕育这些极好的想法，然后切实地将它实现。

采访总结

SnØhetta 建筑事务所乐于从整体和部分两个方面开始工作，并从相反的角度进行观察，这就是他们在建筑设计中运用合作和分散方法的初衷和结果。无论在办公室内还是办公室外，争论都是创新的有效途径。他们的建筑项目所体现的大众化和敏感性的特点要求他们这样做。当一个想法遭到质疑的时候，他们就会重新审视。从他们对众多想法的发展中可以看出，他们从多种不同的媒介挖掘想法，并用新技术去检验这些想法的可行性。

建筑师很容易养成将设计视为从单独到整体的宽线型旅程的习惯，直到他们完成了精确的细节部分，才能够进行大体规模的设计。通过对触觉和人群规模的认知，同时对社会和全球范围内的考虑，SnØhetta 建筑事务所用跨学科的方法，在完成作品中体现出他们在设计中一直保持着清晰明确的理念。对于设计过程中出现的复杂问题，他们会适当地加以约束：在处理国家歌剧院细节的时候，规定每处细节材料的使用不得超过三种。他们对场地规模的概念是由相对的经验决定的，而不是有特定的分级标准，这意味着他们能够与不同专业水平的人共同交流。

他们提出要重视建筑的"自我体现过程"，让设计的建筑尽可能多地去接受检验。歌剧院的屋顶被设计成一个公共的开敞空间，与城市的峡湾和山丘产生联系。这部分就要求设计师解决一些技术问题，例如在设计一个可以安全行走的地面的同时，还要让游客能够享受到身在屋顶上观赏流水和天空的绝妙体验。SnØhetta 建筑事务所对设计发展过程的质疑和对建筑细节的感知，能够体现出他们将兴趣点放在人类的需求上。

项目名称：国家 9·11 纪念博物馆
地理位置：纽约，美国
建筑方：SnØhetta 建筑事务所
完成时间：建造中

最初研究外观的模型。结合自然光线创造了一种持续变化的棱镜图案。

建造和投入使用 / 发展和细节 / 最初的理念

材料的研究

仲夏夜之梦。设计师 U Leong To 将材料、性能、来源和应用在这幅图中很好地体现了出来。

茶室的模型图

为《罗密欧与朱丽叶》而建造的露天剧院，设计师是鲁道夫·阿塞维多·罗德里格斯。在建造之前，为了最好的展现该工程在其建造地上最真实的样子，将模型拼凑在地理位置的照片上制成了此图。

学生实践

这一章节介绍了一组建筑专业的学生在 12 周的周期工程中后六周的活动。在这个阶段，他们需要深入设计露天剧院的细节。

发展

在中期的评审中，同学们展示了他们研究的过程（早期构思草图的生成和分析）和方案中按照一定比例绘制的轴测图。这让评审员和其他的同学理解他们的方案并对方案产生推理，之后再给予反馈。在讨论会中，讨论内容主要是如何发展一个极好的想法，以及在很多让他们迷惑的地方如何去改进自己的方案策略，包括在工程中忽视的问题，或对于有缺陷的地方是直接去掉还是重新思考。

导师会鼓励学生去加大他们最初方案的复杂程度。学生用不同的工具和很多纸张对他们的构思的进行合作并绘出设计图，并对自己的设计在细微之处反复审查（比如"大楼的出口应该设置在哪里？"）此外，还要在整体上进行审查（"观众到达剧院将会走怎样的路线？"）学生通过发展方案和运用设计概念，把他们单独的想法和元素联系在一起。

细节

在开始创作模型、构图还有察看前例时，学生对材料运用的方案就产生了。他们有能力运用他们拥有的结构、环境科学以及建造的知识去解决遇到的问题。（比如，"某个建筑如何建造？"）每一个学生都被鼓励去让自己研究的内容更加细节化，集中精力深入那些容易理解并与概念紧密联系的方面。（如，"在光线运用上，是否应该设计窗户？"）这些细节促进了下一步的细节设计和判断。了解技术科技有界限，也有总结建筑概念的潜力是很重要的。

ACT 3 SCENE 1

Rehersal Opera/Japanese Tea House
Time: 17:31

1. Rotating Paper Screen
2. Photographic Film
3. Radiator
4. Bookshelf
5. Kitchen
6. Bathroom
7. Performing Platform

建造和投入使用 ╱ **发展和细节** ╱ 最初的理念

霍利·纽汉姆在情节串连图板的使用中阐述了他设计方案
中的想法：

我曾经找不到方法去将我初步分散的成果联系在一起形成
一个统一概念。现在，通过将设计中重要的创作部分做成情节
串联图板，我就可以将所有初步的成果串连在一起，并继续填
补这其中表达不明确的地方。

拉尔夫·萨鲁在谈论他在初期实现设计概念的飞跃和后期
考虑设计的不同选择时说：

设计过程像鸽子行走时微小的步伐和空翻：我觉得想法
就像翻筋斗一样，是从 A 到 B 令人激动地跳跃，这种变化的
旅程是短暂的、迅速的、梦幻的。想法转瞬即逝，想要抓住它
是很难的。设计的推敲过程留下了思考的足迹也不需要抓住，
因为对于概念形成的过程和引导方法是可以从相反的角度被观
察到的，这些是不言自明的。与单个想法相比，对设计的推敲
过程就像是走微小鸽子步一样，但是在把它们合并的情况下，
我找到了设计的兴奋点。

威廉·费舍尔在通过轴测图研究和解决剧院设计细节部分
的问题时说：

我用观众的座位和舞台的模型图来创作发展我的想法，通
过这些模型，我会考虑舞台的深度、放置的角度以及它与观众
席的可视区域之间如何设置会有恰当的关系。这部分细节设计
使我发现舞台的角度要能与前面顶端的座位有视觉互动为基
准，将这部分与我负责的规划图联系起来，为安排剧院的座位
和剧院的外形带来了设计灵感。

应用科学概念的练习

在一项工程的细节设计过程中，可行的概念想法必须转变为客观存在的实物。通过应用科学选择材料和安排材料，可以促成和表达一个建筑的设计概念。我们都生活在一个有规律可循的客观世界，比如重力和季节变迁。这些规律被居住在这客观世界的人和为满足人类需要的设计师相互影响着。接下来的练习将设计的概念和运用科学技术产生的概念表达很好地联系起来。在下面第一列中选择一个对你建筑设计影响最大词语或者你正在受影响的元素，在另一列中选择一个和你方案的概念有紧密联系的词语。陈述你如何通过你所选择的词语传达你的设计理念，并说出你如何将它们联系在一起。

影响建筑的客观条件	概念性的特性和联系	
重力	掩盖	表达
时间	反差	连续性
气候	运动	静止
外壳	手工	科技
开口	暂时	永恒
资源	复杂性	简单性
技巧	层次	整体
	大量	精细
	分离	联系
	原始	衰退
	品质	谦逊
	传统	变革
	准确	随机
	人群规模	非人群规模
	自然	人造
	镇定	不安

在这一阶段典型的活动

施工图

1:1 的场地样品与模型

质量控制

材料

研究

做判断

控制

反馈

解决复杂问题

合作

当设计师做出有充足细节的施工图的时候，你就可以从建筑承包商那里得到相应的报价，并获得法定机构的认同，这项工程就会在其选定的地理位置上开始动工了。通常，建筑师提供设计顾问和沟通渠道来保证与承包商、客户之间的交流始终进行着。设计师将会管理这项工程并确保工程的质量。随着工程的逐渐完工，设计师的设计图和制作模型的工作也会相应减少。

然而，设计并没有就此停止。我们还需要解决无预期发生的意外事件。例如，材料的短缺可能会导致部分工程使用其他的材料重新设计。在建造过程中，设计图预期的效果和建筑物的实际效果是有差距的，这就像最初想法的阶段，我们脑海里的想法和画出来的设计图也是有差距的一样。例如，站在一个新建建筑物高处的脚手架上，我们看到了没有预想到的河流，我们也许会重新设计窗户的位置以便能让在这个空间的人透过窗户看到这条河流。

在工程的这一阶段，设计师应当注意工程的开端的各项事宜和新想法的统一来确保其完整性。初期的设计图已经预想了建筑的功能用途，所以在这一阶段，设计师应该对这个地点和人群更加的熟悉，对于人们对新建筑的反应保持敏感。这些重要的反馈可以在建造时对设计的判断提供参考信息。当承包商完工后，这座建筑的所有权会归还给客户，建筑师将不能再自由地出入建筑内外，除了纠正和修改设计的错误之处以外，不能对建筑物其他部分的结构随便进行改动。之后承包商通常会有六个月或一年的时间来修护建筑在使用期间出现的问题。建筑的投入使用是第一次整体检验建筑师设计的预测和创新成果的机会。

项目名称：Dovecote Studio
工作室
地理位置：奥尔德堡，萨福克，
英国
建筑师：霍沃思·汤普金斯
完成时间：2009 年

这座焊接的耐候钢建筑是由预
先定制好的构件建造而成，之
后用起重机将它搬至前鸽子窝
残余的砖墙之内，这个建筑是
属于音乐家、艺术家和作家的
一个小型工作室。

建造和投入使用 ／ 发展和细节

Haworth Tompkins 建筑事务所

　　Haworth Tompkins 建筑事务所座落在伦敦，它是由格雷厄姆·霍沃斯和史蒂夫·汤普金斯共同创立的。这个事务所为公共部门、私人部门以及补贴部门设计过很多建筑物，包括：学校、美术馆、剧场、住宅、办公室、商店以及工厂。两位负责人都对他们的作品发表过演说，并且史蒂夫·汤普金斯在伦敦的格林尼治大学教学。

　　这个建筑事务所以从事创新艺术工程而著名。那些壮观的视觉艺术和音乐艺术对他们来说极其富有成效，它们激发了 Haworth Tompkins 建筑事务所去研究一种"临时的"设计战略，并采用时兴的设计手法，将建筑定位在适合富有创意的活动和生活。在一些临时建筑中，他们的这种想法得到进一步发展，比如：Kings Cross 的艾尔梅达剧场。对于建筑师、委托方和剧院顾客来说，这个能产生经济效益又能展现有品质的舞台布景的场所既是很必要的，又是值得回味的。

　　一些需要改造的项目工程,比如:在伦敦的 Young Vic 剧院，给 Haworth Tompkins 建筑事务所提供了一次机遇，那就是思考如何有效地利用创新的建造方法、可行性理念以及材料的触觉效果来实现设计的完美感。

　　为每场表演带来生机的剧院建筑增强了建筑师的这种感受——只有当建筑投入使用的时候，才能称得上是真正完工。于是,Haworth Tompkins 建筑事务所设计的重点是关注建筑完工后，在使用过程中的质量和感受，而不是着重于创造一个理想化、空洞的建筑外观。

项目名称：Young Vic 剧院
地理位置：伦敦，英国
建筑师：Haworth Tompkins
建筑事务所
完成时间：2006 年

在其富有特色的城市背景下所
拍摄的剧场照片。

建造和投入使用 / 发展和细节

在 Young Vic 剧院，我们玩得很愉快。我们会坐在表演现场，或者坐在附近的酒吧里，看着外面的人来人往，同时能够体会到政治背景和社会生活面貌的缩影。

——Haworth Tompkins 建筑事务所的史蒂夫·汤普金斯

项目名称：Young Vic 剧院
地理位置：伦敦，英国
建筑师：Haworth Tompk-
ins 建筑事务所
完成时间：2006 年

图片为被照亮的建筑模型。在夜间，这个剧场建筑开始焕发出生机与活力。建筑师们点亮了他们的模型，以便体会在夜间这栋建筑将会产生的效果。

项目名称：Young Vic 剧院
地理位置：伦敦，英国
建筑师：Haworth Tompk-
ins 建筑事务所
完成时间：2006 年

从保留下来的肉店中看到剧院
的门厅。最初的 Young Vic 剧院
是在这个商店周围建造的。这
个商店是在第二次世界大战的
战火中惟一幸存的建筑。它原
来的瓷砖墙面依然被保留下来，
并且设计师很直接地打开门洞，
留下原有的材质肌理。

建造和投入使用／发展和细节

对 **Haworth Tompkins** 建筑事务所进行的采访

你用什么方法来预测人们使用你正在设计的建筑的感受？

格雷厄姆·霍沃斯

我们经常使用三维立体的巨大的模型来反复检验设计，而且还会很早就设定场地的背景模型。我们一般会急剧扩大或者缩小模型比例，比如我们将会以 1:1250 的比例观察建筑结构和建筑背景，然后再将比例急剧扩大到 1:5 或者 1:20，以此来检查关键的建筑空间是否能适用。

史蒂夫·汤普金斯

通常情况下，我们会描述这个建筑。我们将在画出建筑效果图之前描述它的个性和品质。如果我们想象自己在建筑空间中，而这个空间与当初的设计纲要相符合时，会是什么感觉？我们在进行设计的时候，就开始试想走进这座建筑。在某种程度上，你描述与展现这种过程是一种预想的过程，并不是真实体验建筑后的叙述。

格雷厄姆·霍沃斯

我们并不会在工作室，从抽象的事物范围内努力地尝试确定出一个方案。我们喜欢意外的想法；希望有点尖锐的，有点挑战性的想法在我们的设计中出现。

史蒂夫·汤普金斯

在保持这个空气动力学不稳定时间更长的过程中，你可以获得更有趣的结果。而设计师在设计过程中如果你有足够的勇气和冒险精神，那么你会成为善用这种工作方法的权威人士。当我们和客户的关系真正牢固了，我们的工作才会做得最好。这种牢固的关系不仅仅是合作上的关系，也是建立一种信任和彼此能共同承受损失的关系。因此你可以抛开很多的顾虑，打开自己的设计思路进行更深入的设计。就这方面而言，这种随心所欲的表现与艺术实践很相似。

项目名称：斯内普莫尔廷
（Snape Maltings）
地理位置：奥尔德堡，英国
建筑师：Haworth Tompkins 建筑事务所
完成时间：2009 年

顶棚板条的设计灵感来源于现存在斯内普的建筑素材。

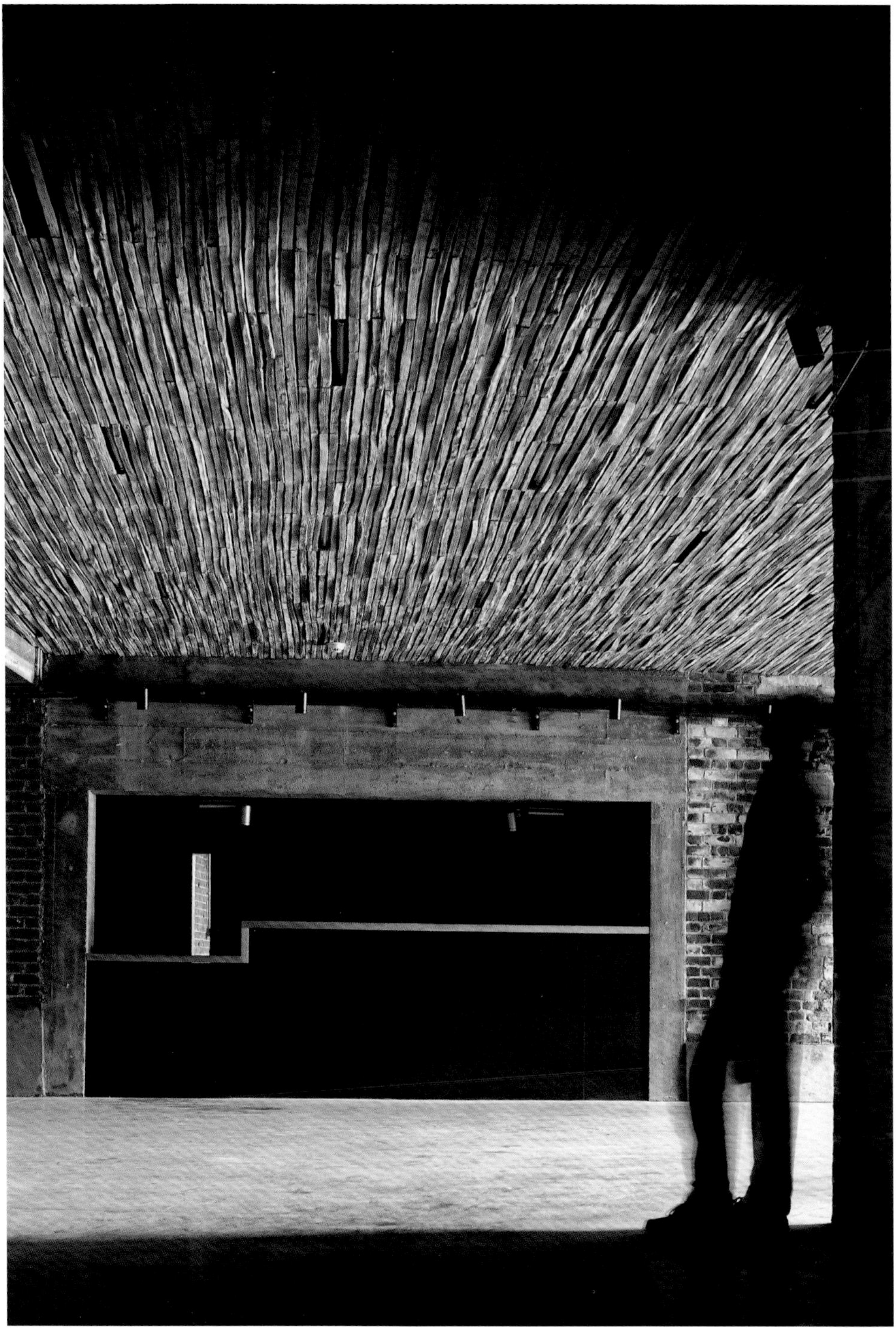

艺术实践与建筑工艺有些相似之处，在你的建筑设计中，这些相似处有助于增加工艺元素吗？

史蒂夫·汤普金斯

我认为这些相似之处很有作用。我们设计的许多建筑最终以这样或者那样的形式：被承包商或客户自己的团队完成。我们正在同那些已经对建筑有完整想法的的客户进行合作，我们也会经常尝试和创建一个特殊阶段，能够和客户一起对建筑进行调整和建造。对于装潢、倒数第二次工程验收、租户装修以及家具设计也是一样，所有的这类事情我们都会经常和有施工工人的团队一起完成。

你与艺术家的合作如何激发你的思维？

格雷厄姆·霍沃斯

我们经常通过与艺术家的合作来拓宽某个工程的目标和特性范围。在伦敦图书馆 (London Library)，我们与杰克 (Jake Tilsen) 合作。他对现存的建筑结构做出了一个生动的叙述：它就像一个已经被改写的手稿，我们想将它表述地更清楚一些。与艺术家在一起工作也是很有乐趣的，由于我们的工作方式的问题，工作气氛总会出现一种紧张感。因为你不可能只去你的工作室，完全只做一件事情，你不得不注意日常生活的琐碎之事以及混乱你思想的人。而艺术家对他们的工作却很严谨，他们从不妥协；他们甚至会记录下有必要的所有的事情。我们画了上百张的草图来选择和判断设计方案；他们则会抛开全部杂念，全身心投入一件事情。艺术家对想象力发挥的方式也很严谨，与他们合作，让我们更加严肃地看待我们工作理念的意义。

史蒂夫·汤普金斯

这种相似也给予我们对材料与表面本身及其意义更深入地认识。一名艺术家会花费大量的时间研究建筑表面的触感和材料质量，这样的方法使得我们可以更加细致地观察这些元素。举个例子，在斯内普由于我们无法明确说明我们想要做的效果，我们就手工完成了许多手绘效果表现图，最终我们按照一名艺术家的做法将想要的效果做了出来。

格雷厄姆·霍沃斯

对于材料的使用方式我们会效仿诗歌有节奏的韵律。我们也会努力去将诗情画意融入在创造性主题之中。因此，在斯内普，我们使用与粗砾海滩相协调的板条和喷砂砖可能是正确的，它们是对那种诗意风景场地的回应。

对于不同的设计纲要和背景，我们将采取不同的方法。例如我们将一个位于伦敦中心的建筑是一个制造厂改造为皇家艺术学院（Royal College of Art）。对于那些有限的工业化的元素，这里很少有诗情画意的感觉。这个项目的设计纲要的表达是非常直接的，就是要全新的面貌，这个理念将会被置于非正式讨论中因为它是一个完全不同的纲要，流露出对那个建筑空间的珍贵之情显然是很不合适的，但就如何使它组合起来的问题是需要动一番脑筋的。我们保持建筑的外观不变，因为我们认为有关这个建筑曾经的记忆很重要，所以我们保留了旧时的砖瓦，仅仅在里面嵌入了一种新的铁质物体。除此之外在斯内普还有更多的事情需要我们去了解，比如有关该建筑场地的历史，这是为了做到设计理念与环境相适应的程度。对于这样的工作方法，它的适用范围很广。

史蒂夫·汤普金斯

斯内普莫尔廷和皇家艺术学院都是能激发创造性灵感的作品，这些建筑在实际中并不能体现整个改造过程，否则它将会破坏我们的设计的主要目的，即要对你正在处理的建筑空间进行创造性加工，我们许多的项目工程都是如此操作。建筑师对设计的进度知道适可而止，因此这些建筑并不会影响整体环境的氛围营造。

格雷厄姆·霍沃斯

投入使用的建筑才算完整的建筑。

史蒂夫·汤普金斯

从心理学上来说，有创造力的人往往更加专注那些能给他们的设计带来更多短暂性完全释放感觉的空间。

项目工程：斯内普莫尔廷
地理位置：奥尔德堡，英国
建筑师：Haworth Tompkins
建筑事务所
完成时间：2009 年

右上图：
这是去往表演空间的门厅。建筑师们对于材料的选择使得传统的构造与新兴的镶嵌物之间的差别清晰可辨。

右下图：
这是布里顿大厅（Britten Hall）。建造完成之后，要在这个新的大厅中进行听觉测试。

如果不把设计与施工紧密结合，我们能获得什么呢？

史蒂夫·汤普金斯

　　设计的思路会因为方法和构成要素的原因，潜移默化地发生改变。对于改造的项目，我们通过建筑原有的元素来让它实现改变。这种能够接受新旧融合的审美是非常有趣的，也是更加有包容性的，它能够缓慢地进行自我融合和调节，将新旧元素用和谐的方式共融。

格雷厄姆·霍沃斯

　　我们在设计开放空间的时候会留有余地，以便建造时能够对其进行修改完善。对于 Young Vic 剧院这个项目，合同中规定我们在有效时间内完成工程设计的 95%。这意味着在木质结构设计完成之后，施工团队便可以进入场地进行施工了。从委托方的角度上看，我们拥有技术能力并了解工程的整个过程，对于施工方来说，我们的设计图是经过深思熟虑后的产品，能引导他们创造性地工作，他们乐于改变。因此，你可以让他们进行多种建造工作，并且与他们对建造方法进行讨论，因此这就是与施工结合的意义所在。

当你开始去施工现场工作之前，你会利用材质样板来帮助决定使用的材料吗？

格雷厄姆·霍沃斯

　　在施工现场你需要知道你要获取到什么。例如 Young Vic 剧院的样板（一起合作的艺术家克莱姆·克罗斯比手绘的材质图案模版）就是首先在工作室被仿制出来的。我们会提前六个月把大多数的项目所用的材质样板都放在专属的仓库里面。但现在有一个伦敦博物馆的项目，使用 Art Room 提供的钢制品，在过去的六个月以来，我们一直在修改它。因此我们十分需要一对一的实物材质样板。

史蒂夫·汤普金斯

但凡你有过建造经验，你就会意识到一个有 1.55 毫米误差的 CAD 绘制线会是个笑话。那时你就只能在现场将错就错。你不得不去了解你正在处理的材料，然后做出一个弥补。我们刚在牛津完成的工程——The North Wall 艺术中心，被颤动条状的绿色橡树覆盖。我们知道这些条状物会移动，因此我们将它细化，希望它能相互缠绕并随风摆动。植物的卷曲和移动覆盖在屋顶上面。如果你不期待这种效果，那反而是不利因素了。但是如果这部分细节你能接受并将其利用，那么就真的很有趣了，它可以作为建筑结构的一部分。

想要了解不同材料组合在一起的效果，最好的方法是什么呢？

史蒂夫·汤普金斯

一对一在墙上进行 1:1 的草图绘制，因为在 CAD 软件中没有比例尺，因此你只能感受到你正在设计的视觉规模。而我们用纸和笔绘制，一对一的细节来覆盖这些房间的墙壁，我们用一下午的时间坐下来一起努力完成这个绘制。

格雷厄姆·霍沃斯

实地工作开始时，我们对施工人员进行了详细说明，并与他们进行有关设计的交流。因此，不久你会发现建筑工人们只是拿到草图，然后就建造建筑物，但他们并没有真正理解为什么要这样设计草图。

史蒂夫·汤普金斯

最后，我们必须在项目工程的建造中成为一名有创造力的领导者，能够发出一个强有力的声音去激发每一个人的自信心。你不能躲避这个事实，那就是作为一名建筑师，你必须阐述设计的原创来源，但在这一过程中，你能征集别人的意见，并且有足够的自信去听取和引导他人的意见。这是一个很明智的做法，值得一提的是，当一份建造的工作需要一个月的时间去完成时，如果你很幸运，你仅仅感觉到这项任务就要完工了，你

项目名称：伦敦博物馆
地理位置：伦敦圣詹姆斯广场，伦敦，英国
建筑师：Haworth Tompkins 建筑事务所
完成时间：2010 年

上图：
在伦敦博物馆建造过程中出现了一个庭院采光井，这使得人们能够史无前例地接近建筑。在建造时为了评估它的质量，一些建筑材料的供应在整修开始之前就已经备齐了。我们制定了一份详细的计划，这样我们能够决定应优先对待哪个空间，以便于我们在现场实施。

右图：
此图为卫生间地面材质细节图。它使用了艺术家马丁·克里德（Martin Creed）设计的地板砖。这位艺术家与霍沃思·汤普金斯合作完成了这个项目。

设计方案

就会产生一种明显的兴奋感，因为有人足够认真地对待你的想法，并且在实现它。一座建筑的完工总是一个永远不会消逝并令人称赞的惊喜，这真的是一种孩子气的喜悦。

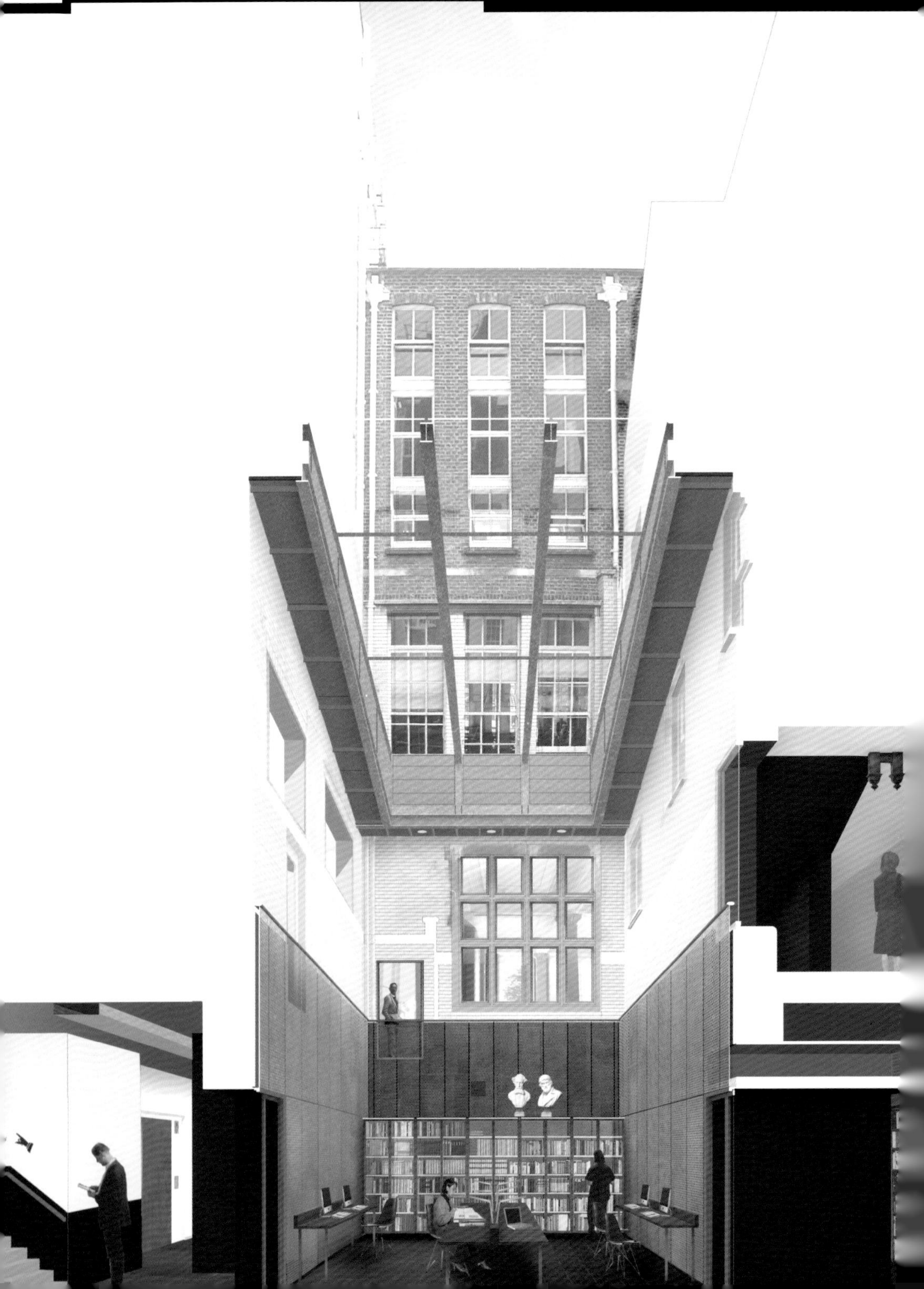

采访总结

对于霍沃思·汤普金斯来说，在繁忙的建筑设计的生涯中，深思熟虑是他设计过程中不可或缺的重要环节，直到它被投入使用，他才认为建筑是完整的都处在忙碌和疲倦的边缘。他的作品能够应对日常以及始终变动的建筑设计，尤其受到他众多客户的喜爱，这些客户一直处在艺术创作的过程中：视觉的、夸张的、悦耳的。我们在与客户对话时，先由建筑外观开始，发展到认为建筑设计必须与建筑本身的特性相协调，来改变建筑师对设计方式的理解。

项目名称：伦敦博物馆
地理位置：伦敦，英国
建筑师：Haworth Tompkins
建筑事务所
完成时间：2010 年

图中为剖面图。为了这个项目工程，霍沃思·汤普金斯把一些文学巨匠移入了他们的草图中。比如：阿加莎·克里斯蒂 (Agatha Christie)、杜鲁门·卡波特 (Truman Capote)、艾尔弗雷德·洛德伯爵 (Alfred, Lord Tennyson) 以及查尔斯·狄更斯 (Charles Dickens)。

霍沃思·汤普金斯的工作阐明了对材料发挥作用的深刻理解，和它们如何被组织在一起并加以使用的乐趣。

合作是关键：霍沃思·汤普金斯不仅探索与建筑师工艺、施工工艺和艺术家合作的相似之处；也探索委托方、合作艺术家以及承包商的相似之处。在分享技术的地方，他们之间的角色界限很可能就模糊了，因为建筑师、委托方以及合作的艺术家都有机会为建筑做出贡献，他们能够明智地在设计、建造和专业方面做出明智的联系。

为什么他们想要委托建造一个建筑并且和我们合作？当你开始审视这个问题时，你是在观察你的所拥有的特质。他们感兴趣的是一种改变，一种对建筑使用方式的改变、组织工作方式的改变、每天思考和体验方式的改变。

——格雷厄姆·霍沃斯、霍沃思·汤普金斯

建造和投入使用 / 发展和细节

约 瑟 夫·布 朗（Joseph Brown）
展开的"哈姆雷特"（Hamlet）剧
场草图，这幅有关一位作家房屋
的横截面草图是展开的并且向
舞台布景开放，图中展现了这位
作家以及他的派对客人占据了整
个建筑的场景。

剖面图：

鲁道夫·阿塞维多·罗德里格斯
为《罗密欧与朱丽叶》设计的户
外剧场。体验式电影院的剖面
图展示了舞台娱乐场景和像镜
子般的反射。

学生实践

到了为期 12 周的项目设计期末，学生要设计出一个户外剧场（下面的这个部分就是有关他们的进展）。于是，一家剧场公司就委托学生去设计和建设一个问询台，这会是一个现场施工工程。

在最后的审查过程中，学生们从二维和三维视角展示了一个相片制版的草图以及他们解决方案的详细模型。这个草图展现了每个方案的功能、活动、体验以及在当时背景下人类城市的建设规模。他们用电脑制作的模型、实物模型以及设计原型来探寻建筑中一些切实的元素，比如：素材和建筑结构。尽管这个剧场的设计不会实施，但是诸如最终整合、组合审核和年终展览的事情会给学生们带来一种机遇，那就是学生们可以收到来自观众对于他们设计更广泛的反馈，同时也可以检验他们用草图和模型与别人互动交流的好坏。

建造

学生们接受了为这家剧场公司设计和建设一个问询台的委任。于是，这个设计过程再一次开始，从设计纲要和现场勘查到起初的想法和设计的形成过程。这次学生们按组设计，他们使用思维扩展与集合来形成和检验多种设计想法，之后形成统一。这个项目纲要是对一个可拆卸的、重量轻的亭子进行设计，它可以通过展示和发送信息来卖票。我们要知道预算、时间和建筑技巧是形成设计的切实因素，学生们创建了一个完全的成品原型来检测他们的设计，改善素材使用的误差从而提高建筑效益。客户和设计师通过观察和实验这个原型从而提出一些有关人体工程学、设计可行性和素材的问题。

设计方案

:20 Accommodation Section
[Fully Exposed]

LIGHT CHAMB

建造和投入使用／发展和细节

投入使用

在一个会议上，学生们向这家剧场公司的成员提出建议并呈交了修改后的设计，接着向他们展示了如何固定和拆卸这个亭子，最后检测它在一个繁华都市的使用性能。它在不干扰人们的日常活动的前提下，能够成功稳定地提供可见的宣传。

拉尔夫·萨鲁预测改变后的效果，以及随着时间的发展，他的工作室设计项目的效果。

我们为什么要给我们的建筑规划一些改变的余地和灵活性？这种可能性会被保留下来吗？我的设计不仅仅是考虑到改变和腐蚀的因素，而是依赖它们。我指定的素材能统一整体，满足审美，而不是减弱和破坏整体性的感觉。

鲁道夫·阿塞维多·罗德里格斯谈论设计时要有对建筑物有意的占领思想的原因：

建筑、机械和群体融合到一起。材料和功能是它们三者互动的产物；如何将两个要素联系在一起是由建筑中的尺寸和细节决定的，但是如何让空间变得宜居，是由所有的元素合理地对比和分层决定的。

安娜·比尔（问询现场工程）谈论关于在建造阶段给设计活动增加的扩建物：

起初，我们曾经想过使用一个体轻的结构作为建筑骨架，使其与亭子比较坚固的框架形成对比；然而，我们不能把体轻的建筑骨架做成六角琴形状，不能再给售票厅施加结构压力。我们通过给这个售票厅增加一个墙体结构来解决这个问题，这个售票厅在屋顶下形成颠倒的 L 形。即使是在最后的设计图中，这个售票厅仍没有最终确定的位置，我们在不断地质疑它。这个建造过程绝对是一个有趣而曲折的学习过程。

原型设计训练

　　根据这个项目工程的进展，学生们被要求去设计每一个规模和标准要求的具体细节。首先做出最关键的判断，然后是次要的判断。在这个过程中，并不只有一种正确的优先次序方式：一种建筑理念可以从一个轻的配件设计开始，到屋顶的设计结束，反之亦然。这种顺序是由每项建筑工程的要求和建筑师的感觉决定的。工作室的基础工程对构造部分就投入较少的关注。但是，在工作室探索建筑的这方面也有可能投入较少关注，下面的这个例子，它能帮助我们去参与工程建设以及提高建造技巧。

1. 设计能够在一个拟定的项目工程中发现一处原型元素，它可能是一个门拉手、一件家具、一扇窗户或者甚至是一个新的素材。

2. 使得整个要素或者部分要素能够按照拟定的计划较好地使用实际物料。

　　这个过程可以看作是观念应用的实验场地。它能够让你在总体项目工程设计过程中获得对自己方案的宝贵反馈，也能够提供材料上和结构上的信息，为这个项目工程更小规模的表现提供资源信息。如果这个项目工程有足够的规模，这一过程能够继续进行。

3. 制作一个描述建筑某个面建造方法的小册子。与相同进度的图形质量和细节进行比较，这样能够让施工方在没有进一步施工图的情况下进行建造。

　　在准备草图的时候，它可以提供有价值的经验，承包商也能够读到这些经验。同时它能够让你在整个建筑形成过程中，做到清晰了解开始思考方案到项目完成的全部。

通过对第三章中五个建筑事务所的采访，我们分享了他们的建筑理念和方法。他们对自己的项目工程充满信心，这些工程远远超出了起初设计纲要的范围。他们超越了与自身专业相关的领域，从而进入了更加广泛的领域，比如艺术实践、政治、手工艺、音乐、材料科学、哲学、文学以及戏剧。

与建筑行业内外的人合作的方式以及运用其他学科的工作方法丰富了每个建筑师的作品。对人们生存条件的关注为设计中必要的讨论打下了坚实的基础。每位建筑师都能用卓越的才能来表达复杂的想法，他们以一种参与性的方式清晰地阐述思想，这对于委托方、承包商和其他有关各方的交流十分重要，同时它也能够让建筑师在与同事讨论时检验和探寻设计的意义。他们可以分析和理解这些工作方式，在自己作品中寻找灵感，用图案的方式表达设计思想，并对自己的设计进行批判性判断。

项目名称：地球的文学节（From Earth Literary Festival）
地理位置：牛津，英国
设计师：胡达·贾比尔（Huda Jaber）
完成时间：2010 年

建筑师通过展现他们的态度、方法、强调的重点、专业知识以及议程方面相互区分。追求创新和探究使每一个实例都拥有不同形式的专长，比如参与性的方法、跨学科的探索，以及材料创新。他们强调的精髓是多种多样的，但是当他们想要在作品中找到更多涵义，在每一个新的项目工程中，都会在总体上根据实际情况逐步进行，对这么多种方法必须做出他们的交流，同时必须使用他们所有的技能去展现他们作品的品质，当然，他们的设计都会遵循行业规范并按规定完成。

本书的宗旨是给设计工作室文化做一个向导，让每一个人都能全身心投入到他们的建筑设计中；并且能教授你知识以便于能够控制你自己的设计过程；为你展示不同建筑师的作品案例和工作方法从而提供一些灵感。如果你能将书中内容精读并

思考，有关建筑设计的学习和活动的内容都已经被阐述清楚，
或者至少它们存在的原因已经被解释明白了。

　　写一本关于建筑设计的书最困难的问题就是必须结合实践
应用这些观点。如果不专注设计实践，只是阅读这本书，就好
像是按照课程学习弹钢琴，但却没有一架钢琴一样，缺乏实践
的感受。当你在工作室的时候，书中对作品例子和技能部分的
采访可以让你"照例学习"和"照做"。请你以一种创造性的、
多渠道的方式读这本书，无论你的项目工程需要何种信息，都
可以从本书中获取。

参考资源

设计工作室

2006年1月 建筑师的办公室(Architects' Office)

《建筑学与都市生活 (Architecture and Urbanism) 》,424

卡特五 (Hart v) , 2002 尼古拉斯·霍克斯穆尔 (Nicholas Hawksmoor)

《重建古代奇迹 (Rebuilding Ancient Wonders) 》

纽黑文市与伦敦 (New Haven and London)：耶鲁大学 (Yale University)

英国艺术研究保罗·梅隆中心 (the Paul Mellon Centre for Studies in British Art)

印刷,C & 安德森 (Anderson) , 2009年1月

《OB1 Year One Architecture and Interior Architecture》, 牛津布鲁克斯大学 (Oxford Brookes University)

http://ob1architecture.blogspot.com

史蒂文斯 (Stevens) , G, 2009

《西方建筑教育史 (A History of Architectural education in the west) 》

http://www.archsoc.com/kcas/Historyed.html

F·华福 (Whitford, F) , 1984

《包豪斯 (Bauhaus) 》

伦敦：泰晤士河和哈得孙河有限责任公司 (Thames and Hudson Ltd)

设计过程

J·埃尔金斯 (Elkins, J) , 2001

《Why Art Cannot Be Taught》：一本艺术学生的手册
乌尔班纳和芝加哥：伊利诺伊州大学出版社

弗雷德里克 (Frederick) , M, 2007

《我在建筑学校学习的101件事 (101Things I Learned in Architecture School) 》,

剑桥、马萨诸塞州 (Massachusetts) 和伦敦
麻省理工学院出版社

C·甘世特, 2007

《思想工具：建筑设计简介 (Tool for Ideas: Introduction to Architectural Design) 》,

巴塞尔：Birhäuser Verlag AG

建筑设计

Atelier Bow-Wow工作室, 2007

《形象的剖析 (Graphic Anatomy) 》

东京：Toto总部

CHORA建筑事务所, 邦斯朱顿 (Bunschoten, R, Hoshino) , T &Binet H, 2001

《Urban Flotsam.Stirring the City》

鹿特丹：010 出版商

杰森·D.刘易斯、J·路斯, J, 2009

《表达兴趣 (Expressing Interest) 》

East建筑事务所

利特菲尔德 (Littlefield)、D·刘易斯, S, 2007

建筑的声音 (Architectural Voices)：《聆听旧时建筑 (Listening to Old Buildings) 》

奇切斯特 (Chichester)：威利 (Wiley)

O´ Donnell, S & Tuomey, 2007年1月

《O´ Donnell+ Tuomey》建筑事务所

纽约：普林斯顿建筑出版社 (Princeton Architectural Press)

SnØhetta建筑事务所, 2007

《环境、SnØhetta建筑事务所、建筑内部、景观 (Conditions.Architecture Interior.Landscape) 》

巴登：拉尔斯·穆勒出版商 (Lars Muller Publishers)

SnØhetta建筑事务所, 2009

《SnØhetta建筑事务所设计作品：建筑内部、景观 (Architecture Interior.Landscape) 》

巴登：拉尔斯·穆勒出版商 (Lars Müller Publishers)

J·图奥米, 2004年1月

《建筑、工艺和文化 (Architecture, Craft and Culture) 》

欧也斯坦哈文 (Oysterhaven)：冈东·爱迪生

（Gandon Editions）

建筑师：

AOC建筑事务所

第二层

红教堂路（Redchurch Street）101

伦敦 E2 7DL

英国

+44 020 7739 9950

www.theaoc.co.uk

Atelier Bow Wow建筑事务所

8-79 Suga-cho Shinjuku-ku

东京

日本 160-0018+81 03 3226 5336

www.bow-wow.jp

CHORA建筑和都市生活（CHORA architecture and urbanism）

24a Bartholomew Villas

伦敦 NW5 2LL

英国

+44 020 7267 1277

www.chora.org

East建筑事务所

第四层，49-59 Old Street

伦敦 EC1V 9HX

英国

+44 020 7490 3190

www.east.uk.com

霍沃思·汤普金斯

大萨顿街（Great Sutton Street）19-20

伦敦 EC1V 0DR

英国

+44 020 7250 3225

www.haworthtompkins.com

Klein Dytham建筑事务所

AD Bldg 第二层

1-15-7 Hiroo

Shibuya-ku

东京 150-0012

日本

www.klein-dytham.com

NL建筑事务所

Van Hallstraat 294

NL 1051 HM

阿姆斯特丹（Amsterdam）

+31 020 620 73 23

www.nlarchitects.nl

O'Donnell+ Tuomey建筑事务所

卡姆登街道（Camden Row）20A

都柏林（Dublin）8

爱尔兰（Ireland）

+353 1 475 2500

www.odonnel-tuomey.ie

SHoP 建筑事务所

11 Park Place Penthouse

纽约

NY 10007

美国

+1 212 889 9005

www.shoparc.com

SnØhetta 建筑事务所

Skur 39, Vippetangen

N-0150 Olso

挪威（Norway）

+47 24 15 60 60

www.snoarc.com

扎哈·哈迪德

10 保龄球林荫道（Bowling Green Lane）

伦敦 EC1R 0BQ

英国

+44 020 7253 5147

www.zaha-hadid.com

建筑设计

由衷地感谢那些慷慨拿出时间与我交谈和为出版贡献图片的建筑实践者们。他们具有敏锐的洞察力，能够开放地谈论他们工作的意愿，这对本书的发展是极其重要的。我要感谢的还有：朱利安·路易斯，East 建筑事务所的丹恩·杰森（Dann Jessen）和朱迪丝·路易；CHORA 建筑事务所的拉乌尔·邦斯朱顿；O'Donnell+Tuomey 建筑事务所的约翰·图奥米 和希拉·奥唐奈；Snøhetta 建筑事务所的克雷格·戴克尔和索尔森；Haworth Tompkins 建筑事务所的格雷厄姆·霍沃思和史蒂夫·汤姆金斯。

同样感谢这些爽快而温和地奉献自己工作影像和信息的人们，感谢帮助查找原始资料并且参与采访的人们：NL 建筑师事务所的卡米尔·凯拉瑟；SHoP 建筑事务所的蒂法尼·A. 特拉斯卡（Tiffany A Taraska）；CHORA 的勒拉和利华·都达瑞娃（Liva Dudareva）；O'Donnell+Tuomey 建筑事务所的莫妮卡·汉兹和托米·彼得森；Haworth Tompkins 建筑事务所的布莱恩·叶茨（Brian Yeats）；Kamiel Klaasse 建筑事务所的艾米·高桥仁美（Emi Takahashi）；Zaha Hadid 建筑事务所的大卫·焦尔达诺（Davide Giordano）；克里斯蒂安·甘世特；皇室学院的凯特·古德温（Kate Goodwin）和西蒙·赛兹；威尔斯·坎西达·斯德马森 (Wells Cathedral Stonemasons) 和尼尔·汉斯考克（Nigel Hiscock）。

感谢蕾切尔·莱德（Rachel Netherwood）、凯若琳·沃姆斯利（Caroline Walmsley）和在 AVA 出版社的丽芙·罗宾逊（Leafy Robinson）以及简·哈勃（Jane Harper）对本书的设计。

特别感谢海伦娜·韦伯斯特（Helena Webster）首次建议我写这本书，同样还有马克·斯维纳（Mark Swenarton）教授，约翰·史蒂文森（John Stevenson），科林·瑞斯特（Colin Priest），牛津布卢克斯大学建筑系的伊曼纽尔·杜邦（Emmanuel Dupont）和卡斯滕·永菲尔（Carsten Jungfer），以及我的同事安娜·阿罗约（Ana Araujo）。

非常感谢学生奉献的图案和设计日志：罗斯福·阿塞维多·罗德里格斯，安娜·比尔，乔安娜·吉兹·米妥（Joanna Gorringe Minto），杰弗里·豪厄尔斯（Geoffrey Howells），格巴·贾贝尔（Huda Jaber），约翰·马歇尔（John Marshall），赫莲娜·密斯瑞（Heena Mistry），杰克·莫顿·格兰斯莫（Jack Morton-Gransomore），乔纳森·哈勒（Jonathan Motzafi-Haller），霍莉·纽汉姆（Holly Newnham），拉尔夫·萨鲁（Ralph Saull），U Leong To 设计师，贾斯特斯·范·达·霍温（Justus Van Der Hoven），艾斯特·文斯（Esther Vince），詹姆斯·威廉姆森（James Williamson），法拉·尤索夫（Farah Yusof）和安娜·泽兹拉（Anna Zezula）。当然也要感谢佛斯特·伊尔（First Year），他支持的力量和独创性激发了我写这本书的灵感。

没有家人对我的支持这本书就不会诞生，感谢你们。

基础
道德的框架

琳恩·埃尔文斯
（Lynne Elvins）
内奥米·古尔登
（Naomi Goulder）

职业道德

出版说明

有关道德的话题并不新颖，但是或许对于应用视觉艺术的道德考虑并不像它应有的那样盛行。在此，我们的目的是帮助新一代的学生、教育者以及从业人员在这个重要的方面找到一种构建他们思想和反应的方法。

AVA 出版希望这几页"**职业道德**"的篇章能够在学者、学生和专业人员的工作中，为寻找一体化的道德考虑和灵活的方法提供一个平台。我们的方法包括以下四个方面：

这个**介绍说明**是就历史发展和当今主导思想而言，对于道德的一个简单印象。

这个**框架**把伦理道德考虑置于四个领域并且对于可能出现的现实意义提出质疑。你通过对比，做出的对每个提出问题的回答将会让你的潜力得到进一步发掘。

这个**案例研究**陈述了一个真实的项目工程并且为深入考虑提出了一些职业道德问题。这是一个辩论的聚集点而不是一个批判的分析。因此，它不存在一些业已决定的正确或者错误的答案。

我们为你提供了汇集精选的**深入阅读**，让你能细致地考虑你特别感兴趣的领域。

道德标准　意识/内省/讨论

职业道德

简介

　　道德是一个复杂的话题，它交错着对社会的责任感同个性相关的众多考虑。它与同情、忠诚和力量的美德有关，同时与自信、想象、幽默和乐观相关。正如古希腊哲学讲述的那样，最基本的道德问题是：我应该做什么？我们如何能够追求一种"好"的生活，不仅仅提高我们对于自己行为给他人带来影响的道德关心，同时也有我们对自己品德正直的个人关心。

　　在当代，最重要同时也最有争议的问题一直是道德问题。随着人口的增长以及流动性和交流能力的提高，有关如何在地球上共筑家园的话题频频出现，这并不令人吃惊。对于视觉艺术家和通信工作者来说，这些考虑将进入创新过程中，这也并不让人惊奇。

　　一些对道德的考虑已经被列入政府的法律和规章制度或者专业规范中，例如：剽窃和泄密是种要受到惩罚的罪行。各国的立法将不允许残疾人获取信息和空间的行为视为非法行为。许多国家禁止以象牙作为原料的贸易。在这些案例中，总会有明确的有关什么是不可接受的范围。

但是许多道德事件仍然值得专家和类似外行人去商榷，最终我们不得不在自己的指导原则和价值观的基础上做出我们自己的判断。为一个慈善机构工作比为一个商业公司工作更有道德心吗？创造一些他人觉得丑陋和具有攻击性的事物是不道德的吗？

诸如此类的具体问题可能会导致一些其他的更抽象的问题发生，例如，仅仅影响人类（以及人类关心）的事情才是重要的事情吗？亦或可能会影响到自然界的事情同样也值得关注？

能促进道德影响都是正义的吗，即使在这个过程中需要道德的牺牲？一定有一个统一的道德原理（比如功利主义原理——行动的正确道路总是通向最大化幸福的路）吗，或者总是有能把一个人推向多个方向的多种多样的道德观念吗？

当我们进入到道德的讨论中，并且陷入到这些有关个人和专业水平的困境中时，我们可能会改变我们自己的观点，或者改变我们对他人的看法。可是，现实的考验是当我们对这些事情做出反应时，我们是否会改变我们的行为方式和思考方式。哲学之父苏格拉底（Socrates）曾经提出如果人们知道什么是正确的，那么他们自然而然会做"好事"。但是这一点只可能会引发我们对另一问题的思考：我们如何知道什么是正确的？

你

你的道德信仰是什么？

你所做的每件事的核心都表明你对周围的人及问题的态度。对于某些人来说，他们的道德观在他们以消费者、投票人和职业工作者的身份做出日常决定的过程中起到了积极的作用。但其他人可能几乎很少考虑道德的问题，而且这并没有让他们变得不道德。个人的信念、生活方式、政治主张、国际、宗教信仰、性别、阶层或者教育背景都会影响你的道德观。

依据下面给出的刻度，你会把你自己放在哪呢？当你做出决定时，你会考虑到什么呢？与你的朋友或者同事对比一下你们的结果。

你的客户

你的条件是什么呢？

工作关系是能否将道德观融入一个项目的关键，而你每天的行为就是你的职业道德的演示。最具有影响力的决策者是你的首选共事对象。在讨论哪些方面要是非分明的时候，香烟公司或者军火商是经常引用的例子，但实际情形很少会这么极端。在哪一点上你可以依据道德标准拒绝一个项目呢？必须谋生的现实又会在多大程度上影响着你的选择能力呢？

依据下面给出的刻度，你会把一个项目工程放在什么地位？这如何与你的个人道德标准相比较？

01 02 03 04 05 06 07 08 09 10

01 02 03 04 05 06 07 08 09 10

你的规格说明

你的素材产生的?

近期，我们得知很多天然原料都供应不足。同时，我们也逐渐意识到一些人造材料对人或植物有长期的危害。你对你所使用的材料了解多少? 你知道这些材料来源吗? 你知道他们经过多远的路途、在什么样的条件下才获得的吗? 当你制造的材料已经不再被需要了，对其进行回收利用容易吗? 安全吗? 它会毫无痕迹地消失吗? 这些因素都在你的责任范围内还是你无法掌控他们?

依据下面给出的刻度，请标出你所选择的材料处于哪个道德水平上。

你的创造物

你工作的目的是什么?

在你、你的同事以及一份商定的纲要，你的创作会达到什么目的? 它将会对社会有什么意义? 并且它会产生积极的贡献吗? 你的作品应该产生的不仅仅是商业成功或者业界奖项吗? 你的创作能帮助拯救生命，教育、保护或者鼓舞其他人吗? 形式和功能是评判一个设计约定俗成的两个方面，但对于视觉艺术家和传通信工作者的社会义务方面，或者他们在解决一些社会或环境问题时应该发挥的作用，几乎没有达成什么共识。如果你想得到作为一名创作者的认可，你应该对你所创作的作品有多大责任心，并且那种责任心在哪里结束?

依据下面给出的刻度，标注你的创作作品的目的处在哪个道德水平上。

01 02 03 04 05 06 07 08 09 10

01 02 03 04 05 06 07 08 09 10

职业道德

建筑引发道德困境的一个方面是其庞大的规模需要更多的耗材，因此，材料和能源的环境影响要求去创造和使用建筑物。在美国，每年建筑物的建设和使用大约是所有温室气体排放和能源消耗的一半原因。在英国，建筑工业的浪费是来自所有家庭浪费的三倍，并且许多建筑材料被认为是危险的，需要专业的废物处理。

正如那些在建筑产生之前，初期进行建筑舞台设计的建筑师们会很好地认识到节约能源和材料，这能够通过许多方法来完成：通过合理选址、选择材料或者采光策略。但是，当建筑师同规划设计师、开发商或者建筑监理合作的时候，建筑师对建筑应该负多大责任呢？是由这些人决定去要求并规划更多的可持续建筑吗？或者建筑师应该影响和倾向于改变我们的生活方式吗？

在十九世纪中期的美国，兴起了由州政府支持的精神疾病治疗。因此，公共精神病院建筑随之而兴起。托马斯·斯托里·柯克布赖德（Thomas Story Kirkbride）是美国精神病学协会（the Association of Medical Superintendents of American Institutions for the Insane（AMSAII））的奠基人。他提出了一种标准化的疗养院的建造和精神健康治疗的方法，即著名的"柯克布莱德方案"（Kirkbride Plan）。1847 年，第一家精神病院在新泽西建立。

这个建筑本身就应该能对患者的病情有所疗效，并且是照顾精神病人的特殊机构。每个建筑物都按照相同比例被描述成"浅 V 型"的基本平面图，管理中心位于中心位置，它的两侧是病房。病房的高度让清新的微风能够通过病房，而且病房有巨大的窗户来采光。对于病情最严重的病人，其病房有单一的走廊，也更加安全。在一段时期，私人房间有集中采暖设备、煤气设备或者卫生间，Kirkbride 建筑物的每个房间都包含有煤气灯，管理中心楼上有中央水箱，地下室有热水器，而且地下室的热气能够通到病房。

182|183

这个总体的"线性规划"能够根据性别和疾病的症状进行结构化分隔。在每一侧，那些更加"兴奋"的病人被安置在较低楼层，同时那些更加理性的病人被安置在上层，接近管理中心。这样做的目的是让病人感到更加舒适，并且通过把他们与那些更加发狂的病人进行隔离，使得治疗效果更加富有成效。尽管有一篇报道说病人生活在害怕的程度被降级至更吵、更脏的病房的恐惧中。而新泽西州精神病院也建在一座山上，这样病人能够更好地看到周围广阔的土地，并且鼓舞他们，也可以让他们开心地散步。

这些精神病院应该作为积极活动的场所。在这里，按照疾病的原因把病人进行调动，而且提供有医疗治疗方法。没有证据显示病人正在长期稳定地治愈，也没有精神疾病发生事件减少的证据，这意味着精神健康医疗的建立需要寻求不同形式的治疗方法。Kirkbride建筑物对于旧时治疗方法来说是没有任何效果的。

设计一个公共建筑如：一所学校或者一家医院，比设计一个商业或私人场所建筑如：一个宾馆或者办公区，更加道德吗？

设计一座隔离病人的建筑是违背道德的吗？

你会为精神病人设计一座建筑吗？

在建筑业，一个人的骄傲、战胜引力的成功，以及对力量的欲望是以一种可见的形式呈现。建筑学是一种通过形式来体现力量的演说。

——弗里德里希·威廉·尼采
（Friedrich Nietzsche）

职业道德

美国平面设计师协会（AIGA）

《商业设计与职业道德》

2007，美国平面设计师协会（AIGA）

伊顿（Eaton），玛西亚（Marcia Muelder）

《美学和幸福的生活（Aesthetics and the Good Life）》

1989，联合大学出版社（Associated University Press）

埃里森·大卫（Ellison, David）

《欧洲现代文学的伦理道德和审美（Ethics and Aesthetics in European Modernist Literature）》

《由崇高到可怕（From the Sublime to the Uncanny）》

2001, 剑桥大学出版社（Cambridge University Press）

芬纳·大卫（Fenner, David）电子战 [EW（Ed）]

《道德与艺术（Ethics and the Arts）：一部选集（An Anthology）》

1995，加兰社会科学参考图书馆（Garland Reference Library of Social Science）

基尼系数（Gini），人工智能（AI) and Marcoux, M·阿列克谢（Alexei, M）

《商业道德的案例研究（Case Studies in Business Ethics）》

2005, 普伦蒂斯霍尔（Prentice Hall）

麦克多诺（McDonough），威廉（William）和布劳恩加特·迈克尔（Braungart Michael）

《发源地的摇篮（Cradle to Cradle）》

《重造我们创造事物的方式（Remaking the Way We Make Things）》

2002, North Point 出版社

帕勃内克（Papanek）、维克托（Victor）

《为真实的世界设计（Design for the Real World）：

采取措施（Making to Measure）》

1972, 泰晤士河（Thames）& 哈德孙河（Hudson）

《联合国全球契约（United Nations Global Compact）

十项原则（The Ten Principles）》

www.unglobalcompact.org/AboutTheGC/TheTenPinciples/index.html